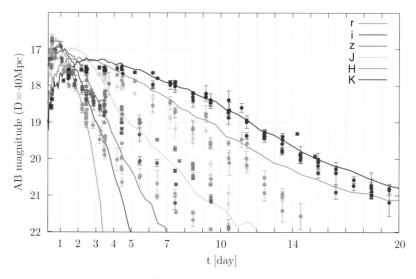

**口絵 1** GW170817 の電磁波対応天体（キロノバ）からの放射光度の時間変化．横軸が合体後の経過時間を，縦軸が見かけの等級を表す．図は川口恭平氏が提供（本文 p.10，図 1.5 参照）．

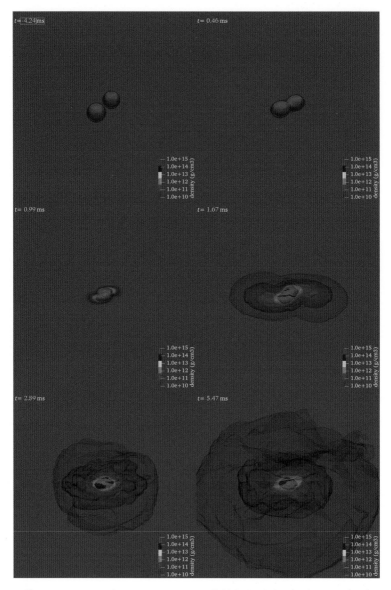

口絵 **2** 図 5.1 の 3 次元バージョン．図は藤林翔氏が提供（本文 p.109 参照）．

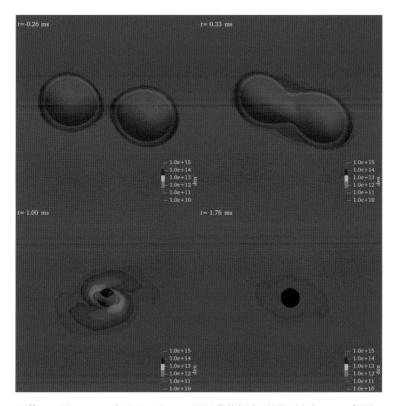

口絵 **3**　図 5.2 の 3 次元バージョン. 図は藤林翔氏が提供（本文 p.110 参照）.

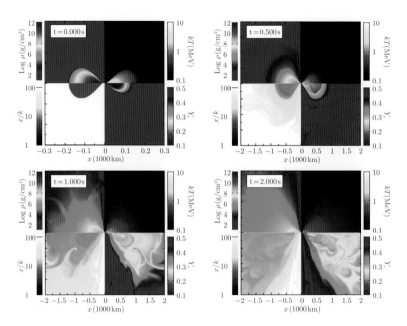

口絵 4 粘性流体過程により，ブラックホール周りの降着円盤が膨張し，最終的に物質放出が起きる様子．S. Fujibayashi et al., Physical Review D **101**, 083029 (2020) から転載（本文 p.120，図 5.5 参照）．

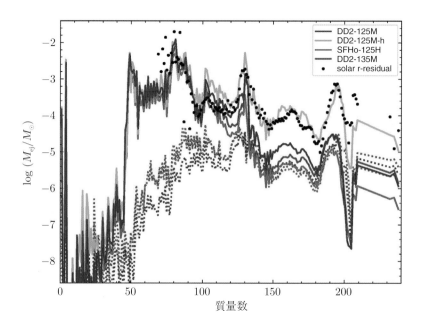

**口絵 5** 質量がともに $1.25M_\odot$ (DD2-125M, DD2-125M-h, SFHo-125M) あるいは $1.35M_\odot$ (DD2-135M) の連星中性子星の合体により放出される物質内での元素合成計算の結果. S. Fujibayashi et al., Astrophysical Journal **901**, 122 (2020) から転載 (本文 p.132, 図 5.8 参照).

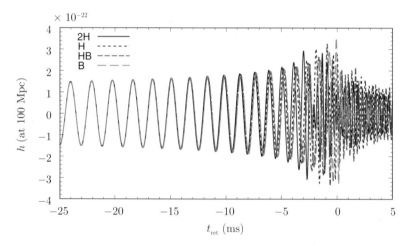

**口絵 6**　質量が $1.35M_\odot$ の中性子星同士が合体するときに放射される重力波の数値相対論による計算例. 波形のデータは, K. Kawaguchi et al., Physical Review D **97**, 044044 (2018) から採用 (本文 p.146, 図 5.13 参照).

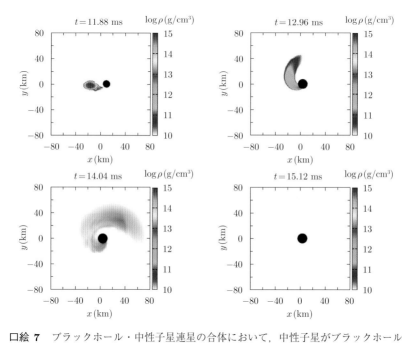

口絵 **7**　ブラックホール・中性子星連星の合体において，中性子星がブラックホールに飲み込まれる場合．K. Kyutoku et al., Physical Review D **92**, 044028 (2015) のデータを使用．図は久徳浩太郎氏が作成 (本文 p.151, 図 5.15 参照).

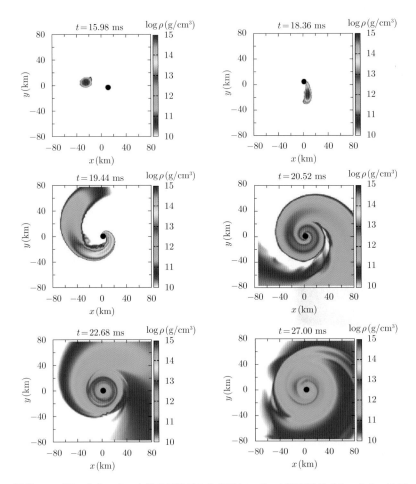

**口絵 8**　ブラックホール・中性子星連星の合体において，中性子星がブラックホールに潮汐破壊され，ブラックホールの周りに降着円板が誕生する様子．K. Kyutoku et al., Physical Review D **92**, 044028 (2015) のデータを使用．図は久徳浩太郎氏が作成（本文 p.152，図 5.16 参照）．

# 数値相対論と中性子星の合体

柴田 大 [著]

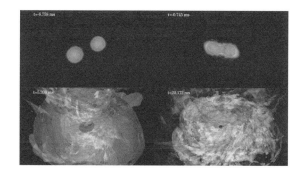

基本法則から読み解く**物理学最前線**

須藤彰三 [監修]
岡 真

25

共立出版

# 刊行の言葉

　近年の物理学は著しく発展しています．私たちの住む宇宙の歴史と構造の解明も進んできました．また，私たちの身近にある最先端の科学技術の多くは物理学によって基礎づけられています．このように，人類に夢を与え，社会の基盤を支えている最先端の物理学の研究内容は，高校・大学で学んだ物理の知識だけではすぐには理解できないのではないでしょうか．

　そこで本シリーズでは，大学初年度で学ぶ程度の物理の知識をもとに，基本法則から始めて，物理概念の発展を追いながら最新の研究成果を読み解きます．それぞれのテーマは研究成果が生まれる現場に立ち会って，新しい概念を創りだした最前線の研究者が丁寧に解説しています．日本語で書かれているので，初学者にも読みやすくなっています．

　はじめに，この研究で何を知りたいのかを明確に示してあります．つまり，執筆した研究者の興味，研究を行った動機，そして目的が書いてあります．そこには，発展の鍵となる新しい概念や実験技術があります．次に，基本法則から最前線の研究に至るまでの考え方の発展過程を"飛び石"のように各ステップを提示して，研究の流れがわかるようにしました．読者は，自分の学んだ基礎知識と結び付けながら研究の発展過程を追うことができます．それを基に，テーマとなっている研究内容を紹介しています．最後に，この研究がどのような人類の夢につながっていく可能性があるかをまとめています．

　私たちは，一歩一歩丁寧に概念を理解していけば，誰でも最前線の研究を理解することができると考えています．このシリーズは，大学入学から間もない学生には，「いま学んでいることがどのように発展していくのか？」という問いへの答えを示します．さらに，大学で基礎を学んだ大学院生・社会人には，「自分の興味や知識を発展して，最前線の研究テーマにおける"自然のしくみ"を理解するにはどのようにしたらよいのか？」という問いにも答えると考えます．

　物理の世界は奥が深く，また楽しいものです．読者の皆さまも本シリーズを通じてぜひ，その深遠なる世界を楽しんでください．

須藤彰三

岡　真

# まえがき

　2015 年 9 月 14 日，アメリカの重力波望遠鏡 Advanced LIGO が重力波の初観測に成功し，重力波天文学の幕が開けた．アインシュタイン (A. Einstein) が一般相対性理論を導出してから，ちょうど 100 年目に成し遂げられた偉業だった．2015 年の初検出以降も順調に観測が続き，この 6 年間で，すでに 50 を超える重力波源またはその候補が観測された．その中でも，我々研究者に最も強いインパクトを与えたのは，重力波以外の手段では発見するのが難しい連星ブラックホールの合体現象が多数観測されたことだった．その結果，我々の宇宙に対する認識が大きく改まった．さらに，最初の発見から約 2 年経った 2017 年 8 月 17 日には，連星中性子星からの重力波およびその合体に伴う電磁波対応天体が初めて観測された．これは重力波と電磁波が同時に直接観測された初の事例だったのだが，これによって重力波研究のみならず周辺分野の多くの研究が活性化された．そして，重力波という新しい天文観測手段の威力が大いに認識されることになった．今後も，より感度の高い重力波望遠鏡の建設がアメリカやヨーロッパを中心に議論されており，重力波天文学の発展は当面続くものと思われる．特に，検出周波数帯域が地上の重力波望遠鏡とは全く異なる，宇宙重力波望遠鏡 LISA の打ち上げが 2030 年代前半に予定されており，これによって，これまでとは異なる重力波源が観測されることが期待される．

　重力波を重力波望遠鏡で確実に捉えるには，予想される重力波の波形をあらかじめ正確に予想する作業が必要になる．重力波の信号が一般には微弱なため，検出器固有の雑音と信号を識別するには，波形のテンプレートが必要だからである．つまり理論研究が必要なのだが，それに対してなくてはなら

ない研究が，数値計算により一般相対性理論の基本方程式であるアインシュタイン方程式などを解く研究，いわゆる数値相対論である．重力波の波形を理論的に高精度で求めるには，アインシュタイン方程式や一般相対論的な運動方程式などを正確に解かなくてはならないが，それらは非線形な連立偏微分方程式であり，一般的な問題に対して解析解を求めることは不可能である．したがって，数値計算を用いた「数値」相対論が不可欠になる．数値相対論はまた，高エネルギー宇宙物理学でも重要な役割を担う．近年，$\gamma$ 線バーストや重力崩壊型超新星爆発では多様な現象が観測されてきた．これらの現象では，一般相対論的かつダイナミックな天体が駆動源と推測されるが，その駆動源自身を直接的に観測することは難しい．したがって，それらがどのようにして起きるのか理解するには理論研究に頼らざるを得ないが，ここでも数値相対論が必要になる．本書の第一の目的は，この数値相対論の基礎について解説することである．また，特に中性子星連星の合体を取り上げ，数値相対論によってどのようなことが理解できるのか，について伝えることを第二の目的とする．

　アインシュタイン方程式は複雑な偏微分方程式なので，数値相対論の中心課題は，この複雑な偏微分方程式を精度良く解くことになる．出版社の方に本書の執筆を依頼された際には，「読者に考え方を伝える入門書を」と注文されたのだが，具体的に式を書かないと数値相対論の本質的な作業を読者に伝えるのは難しい．数値相対論の基本方程式に触れずに得られた結果だけをまとめても，数値相対論を本格的に研究したい者を引きつけるのは難しかろう．また，数値相対論について日本語で書かれた教科書が存在しないことが，以前から気になっていた．そこで本書では，少々複雑なものでも，必要不可欠な式はむしろ積極的に記すことにした．ただし，やる気さえあれば，誰でも導出できるように，式変形については丁寧に記したつもりである．また 1 つの章を使って，アインシュタイン方程式を解くための数値計算法の概略についても解説した．数値相対論ではどのような方程式をどのように解いているのか，その基本を理解していただければと思う．

　なお，数値相対論に関する洋書は数書出版されており，筆者も 2016 年に，

詳細まで記述した専門書 [1] を出版した．本書の第 2〜4 章は，その要約版と位置付けることができる．もし数値相対論をより突っ込んで勉強したくなったならば，この参考図書にも目を通していただければ幸いである．

　本書の執筆にあたっては，研究者仲間である川口恭平，木内建太，久徳浩太郎，林航大，藤林翔，和南城伸也の諸氏に，数値データや図の提供，および本書の修正でお世話になった．この場を借りて，深く謝意を表したい．

2021 年 6 月　ドイツ ポツダムにて

柴田　大

# 目　次

# 第1章　重力波天文学と数値相対論

## 1.1　重力波とは

　まず最初に，重力波とは何かについて，簡単に述べておこう．我々が現在正しいと信じる重力の基本法則は，アインシュタインの一般相対性理論（以下では一般相対論）である．我々の住む世界は，時間 1 次元と空間 3 次元からなる 4 次元の時空多様体だが，一般相対論によれば，時空は平らではなく曲がっている．物体は，その曲がった時空中を最短距離で進むため進路が見かけ上曲がり，これが重力の影響として観測される．つまり，一般相対論における重力とは，力というよりも，時空が曲がっていることの反映だと理解される．

　時空の曲がり具合を決定する基本方程式は，アインシュタイン方程式である．この方程式によると，天体が存在すればその周囲の時空は曲がるのだが，天体が何らかの重力場中を動いてその曲がり具合を変化させると，それに伴って空間歪みのさざ波が発生し，光速度で周囲に伝搬する．これが重力波である．重力波の存在は，アインシュタインが 1915 年に一般相対論を完成させた直後の 1916 年に，彼自身により予言された．

　さざ波とはいえ，重力波が地球上を通過すれば，その影響で空間が微妙に歪む．より正確には非等方的に空間が伸び縮みするのだが（2.2.3 項参照），この効果を測定することにより，重力波は直接的に検出される．この検出を目的とする装置が重力波検出器で，さらにそれを宇宙観測に応用したものが重力波望遠鏡と呼ばれる．ただし，重力波の及ぼす効果は極めて小さい．した

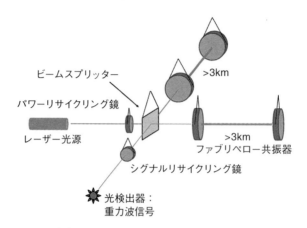

ビームスプリッター

パワーリサイクリング鏡

レーザー光源

>3km

シグナルリサイクリング鏡

>3km
ファブリペロー共振器

光検出器：
重力波信号

図 1.1　レーザー干渉計型重力波検出器の概略図．多くの重力波望遠鏡には，ファブ
リペロー型と呼ばれるレーザー干渉計が用いられる．またレーザー干渉計は
高真空装置内に設置される．図は久徳浩太郎氏が提供．

がって，超精密測定装置が必要であり，そのためアインシュタインの予言か
ら 100 年近く経過した 2015 年まで重力波が直接検証されることはなく，そ
の検出は物理学者の長年の課題とされてきた．

　現在主流である重力波検出器には，レーザー干渉計と呼ばれる実験装置が
利用される．レーザー干渉計とは，ビームスプリッターを利用して異なる 2
方向にレーザー光を入射し，さらに反射鏡を利用し往復させた後に，2 方向
から戻ってきた光を干渉させる装置である（図 1.1 参照）．重力波が存在する
と空間は非等方的に伸び縮みするが，この影響で，レーザー光の伝搬距離が
非等方的に微妙に変化する．その結果，光検出器における干渉強度が変動す
るので，これを捉えることによって重力波が検出される．ただし，重力波信
号は微弱なため，干渉強度の変動率は大変小さい．検出器の雑音を変動率に
比べて十分に小さくするには，位相が非常に揃った高強度のレーザー，高度
な防震装置，精密な反射鏡，高効率の熱雑音除去装置などを装備させる必要
がある．また，信号強度を稼ぐために，レーザー光の伝搬距離を数百 km と
非常に長く取る必要がある．このために，干渉計の中に反射鏡を設置し何度
もレーザー光を往復させる．しかし，往復数を稼ぐにしても限界があるので，

図 **1.2** アメリカのハンフォードに設置されている，4 km のアームをもつレーザー干渉計型重力波望遠鏡 Advanced LIGO．これ以外にもう 1 台が，アメリカ・リビングストンに設置されている．写真は，https://www.ligo.org/multimedia/gallery/lho.php より取得.

干渉計の 1 辺を最低数 km にしなくてはならない．つまり巨大な建設コストが必要になる．そのため，重力波検出に成功するまで長い時間がかかったのである．

　レーザー干渉計型重力波検出器が最初に考案されたのが 1970 年代前半で，このアイデアを実現しようと最初に試みたのが，2017 年にノーベル物理学賞を受賞したアメリカのレイナー・ワイス (Rainer Weiss) とキップ・ソーン (Kip S. Thorne) である．ただし，着想後最初の約 20 年間は実用化が可能かどうかを調べるための実証実験に費やされ，アメリカにおいて 4 km のアームのレーザー干渉計（図 1.2 参照）を建設する LIGO 計画が正式に承認されたのは 1994 年である．この計画ではまず，Initial LIGO と呼ばれる実証検出器の構築が目標とされた．そしてそれは，2006 年に予定どおりの検出器感度で構築された．計画どおりにきちんと仕上げるアメリカ研究者の底力に，筆者は当時感心したものである．

　Initial LIGO は宇宙に存在する重力波を捉えるのに十分な感度をもたなかったため，引き続き，感度をさらに 10 倍程度向上させる Advanced LIGO の構築が進められた．そして，Advanced LIGO の感度が十分に向上した 2015 年

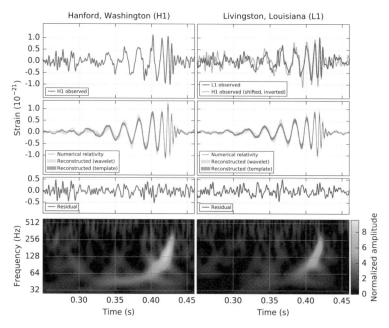

図 **1.3**　重力波望遠鏡 Advanced LIGO によって初検出された連星ブラックホールの
合体 (GW150914) による重力波の波形. 左側がハンフォードの, 右側がリビ
ングストンの Advanced LIGO で観測された波形. 上段がデータ処理を加え
た後の観測データ, 2 段目が数値相対論によって得られた理論波形との比較,
3 段目が観測データと数値相対論による理論波形の差, 下段が各時刻における
スペクトル強度を表す. B. P. Abbott et al., Physical Review Letters **116**,
061102 (2016) より転載.

9 月に, ついに連星ブラックホール (2 つのブラックホールからなる連星) の
合体による重力波信号が捉えられ, 史上初めて重力波の直接的検出がなされ
た. 図 1.3 は, Advanced LIGO の 2 台の検出器が捉えた連星ブラックホール
からの重力波信号を示している. この観測により, 重力波天文学が本格的に
始まった.

　LIGO の他にも, イタリアとフランスの共同で開発された Virgo 望遠鏡が
2017 年 8 月から Advanced Virgo として本格観測を開始し, 1.3 節で触れるよ
うに, 観測開始直後に Advanced LIGO との同時観測で大きな成果をあげた.
日本でも KAGRA が 2020 年代中頃から本格観測を開始すると期待されてい

る．さらに Advanced LIGO と同じ望遠鏡をインドに建設する LIGO-India 計画も進んでおり，2020 年代後半には重力波望遠鏡がさらに増えることが予定されている．さらに，2030 年代を見据えて，より巨大な望遠鏡（例えば，ヨーロッパでは Einstein Telescope）の構築が提唱されている．

　ここまでに紹介したものはすべて，地上に設置された，あるいは，される予定の重力波望遠鏡であり，数 Hz から数 kHz の周波数帯の重力波を捉えることを目的にしている．この周波数帯の重力波を放射するのは，恒星質量程度のブラックホールや中性子星からなる連星の合体，超新星爆発やブラックホール形成を伴う恒星の重力崩壊，などである．重力波天文学の進展とともに，これらの現象に対する理解が進むことは間違いない．またブラックホール，連星ブラックホール，連星中性子星（2 つの中性子星からなる連星）の宇宙における存在頻度のような貴重な知見も，今後蓄積されていくだろう．

　地上ではなく，飛翔体を用いた重力波望遠鏡の構築も計画されている．その代表的な計画は LISA (Laser Interferometer Space Antenna) 計画で，2030 年代の運用が予定されている．この計画では，各々が 250 万 km 離れた 3 台の衛星を，地球とほぼ同じ太陽公転軌道上に，地球の後方約 20 度の地点に編隊飛行させることを予定している．そして，3 台が正三角形を保ちながら，それらの重心周りを円運動する軌道を構成させ，その 3 台間でレーザーを往復させることにより干渉計を構築する計画である．しかし，250 万 km も離れた相手にレーザー光を送れば，そのほとんどは拡散してしまう．そこで，反射鏡を用いてレーザー光を往復させるのではなく，各衛星に到達したわずかな光を受信し，その位相を固定した状態で改めてレーザー光を発信するように設計される．さらに，衛星内に置かれた装置は，重力場に従って測地線に沿って運動し，所定の軌道を周るように設定される．これらの例が示すように，地上の重力波望遠鏡とは異なるコンセプトで干渉計が構築される．

　地上重力波望遠鏡とは異なり，LISA は 0.1〜10 mHz 程度の低周波数重力波を観測する望遠鏡である．この周波数帯の重力波を放射するのは，我々の銀河系の外で発生すると推測される超巨大ブラックホール連星の合体や，我々の銀河系内に多数存在することがすでにわかっている近接軌道の連星白色矮

星や連星中性子星である．LISA の運用が始まれば，地上重力波望遠鏡では観
測できなかった新たな天体が確実に観測されるはずである．

　なお，重力波望遠鏡や重力波のデータ解析についてより詳しく知りたい読
者には，文献 [2] を薦める．

## 1.2　重力波天文学の重要性

　先に進む前に，なぜ重力波を利用した宇宙観測が重要なのかについて述べ
ておこう．これは，重力波が以下の 2 つのユニークな性質をもつ点にある．
まず，重力波は，強重力天体の作る重力場が激しく時間変化したときにのみ大
量に放射される．次に，重力波は透過性が極めて高いので，高密度の物質が取
り巻いていても，ブラックホールや中性子星のごく近傍から我々まで散乱な
しに伝搬できる．その結果，可視光線に代表される電磁波，あるいはニュート
リノ，のような他の媒体を通してでは観測することが難しい，強重力天体現
象の直接観測を可能にする．連星ブラックホールの観測は，その最も端的な
例と言える．なぜならば，この系は重力波以外はほとんど何も放射しないの
で，重力波望遠鏡でのみ観測可能だからである．重力波はまた，ブラックホー
ルや中性子星が誕生する瞬間を直接観測するのに威力を発揮する．ブラック
ホールや中性子星の多くは，大質量星の重力崩壊の後に誕生すると推測され
るが，誕生時には高温・高密度の物質に囲まれているため，それらを電磁波
やニュートリノで直接観測することは難しいからである．

　重力波の特性は，宇宙誕生の謎を解明するのにも役立つ可能性を秘めてい
る．現代宇宙論の標準モデルによれば，宇宙はその創生直後にインフレーショ
ンによって加速的に膨張し，その後ビッグバンを迎え超高温・高密度状態を実
現した後に，温度と密度を下げながら現在に至っている．このモデルは，イ
ンフレーション中に時空の量子ゆらぎを種とした重力波，いわゆる原始重力
波，の存在を予言する．原始重力波はその後，本質的な性質を変えずに，現
在，宇宙重力波背景放射として存在すると考えられている．もしもこれが観

測されれば，我々は，宇宙の誕生に関する貴重な情報を手にすることになる．
誕生直後の宇宙は極めて高密度であり，電磁波による直接観測は不可能であ
る．つまり，その直接観測には重力波を用いる以外に術がない．原始重力波
の観測は，誕生直後の宇宙を直接観測するための最終手段なのだ．

　これらの例が示すとおり，重力波を利用した天文学が発展すれば，これま
でに観測できなかった宇宙の側面が次々と明らかにされるはずである．なお，
本書では，多様な重力波源についての解説はこれ以上詳しく行わない．重力
波源についてより詳しく知りたい方には，柴田大・久徳浩太郎著「重力波の
源」（文献 [3]）をお薦めしたい．

## 1.3　マルチメッセンジャー天文学

　重力波観測が可能になった結果，電磁波観測と重力波観測を組み合わせて
多面的に天体現象を観測する，いわゆるマルチメッセンジャー天文観測が可
能になった．その威力を初めて知らしめたのが，2017 年 8 月 17 日になされ
た連星中性子星の合体 (GW170817) の初観測事例である．そこで以下では，
GW170817 に対してどのように観測がなされ，いかにして連星中性子星の合
体現象が深く理解されるに至ったのかについて述べる．

　GW170817 が観測されたときに稼働していた重力波望遠鏡は，2 台の Ad-
vanced LIGO と Advanced Virgo だったのだが，合計 3 台の重力波望遠鏡が
稼働していたことが，この事例では大変重要だった．重力波がやってきた方
向が特定できたからである．この事例では，重力波の到来方向が，90%の確
かさで 30 平方度以内の誤差で決定され，後に述べる光学追観測に貴重な情報
を与えた．Advanced Virgo が観測に加わる以前は（つまり Advanced LIGO
の 2 台のみでは），全天が約 4 万平方度なのに対して，方向決定誤差が千平
方度程度も存在したので，方向は実質的にはわからなかったのだ．そのため，
検出器が 3 台存在することの意義を強烈に認識させる観測事例になった．

　重力波の観測から測られた重要な量が，チャープ質量，$\mathcal{M}$，と発生源まで

の距離である．$\mathcal{M}$ は連星からの重力波に特有の観測量で，個々の質量 $m_1$，$m_2$ から $(m_1 m_2)^{3/5}/(m_1 + m_2)^{1/5}$ と定義される．GW170817 では，それが $\mathcal{M} \approx 1.186 \pm 0.001 M_\odot$ と決まった．連星の個々の質量まで精度良く決めるのは難しいのだが，チャープ質量が求まると，$m_1 m_2/(m_1 + m_2)^2 \leq 1/4$ から連星の総質量，$m = m_1 + m_2$，の下限が求まる．その結果，$m \geq 2.73 M_\odot$ が得られた．また，重力波のデータ解析において個々の中性子星の自転角速度に理にかなった仮定をおくと $m$ の上限も定まり，その結果，$m = 2.74^{+0.04}_{-0.01} M_\odot$ と推定された．この値は，連星中性子星としては典型的であり（表5.1参照），その結果，合体する連星中性子星が発見されたと認定された．

さらに，重力波の振幅とチャープ質量から，距離が $40^{+8}_{-14}$ Mpc と推定された（Mpc とは約326万光年）．誤差が大きいのは，この観測では重力波の偏光を正確に決定するのが難しかったため，連星の軌道傾斜角が精度良く決まらなかったからである．しかし到来方向が十分な精度で決定された結果，光学望遠鏡による追観測が可能になり，重力波以外の情報が得られることになった．

光学望遠鏡による追観測の結果，まず，合体は NGC 4993 と呼ばれるレンズ状銀河で起きたことがわかった（図1.4参照）．その結果，重力波源までの距離が，NGC 4993 までの距離である約 40 Mpc と確定した．距離が決まると，電磁波対応天体の絶対光度が定まる．また，距離と方向が決まると，連星の軌道面が我々の視線方向に対して向いていた角度についての情報が得られる．具体的にこの観測では，連星の公転軌道回転軸と我々の視線方向のなす角が，約30度以内であることが判明した．さらに，重力波観測で求めた距離と光学観測で求めた宇宙論的赤方偏移とを利用して，過去の手法とは全く異なる方法で，ハッブル定数が $70.0^{+12.0}_{-8.0}$ km s$^{-1}$ Mpc$^{-1}$（68.3%信頼区間）と導出された．

約 40 Mpc という距離は，現在の光学観測の能力からすると比較的近傍と言える．そのため重力波の発見直後から，電磁波対応天体の観測が世界中の多くの望遠鏡によりなされた（ただし重力波源は南天に存在したため，南半球に存在する望遠鏡が有利だった）．とりわけ，合体直後から約20日間に，可視光線から近赤外線域に対して詳細な観測がなされた（図1.4参照）．そし

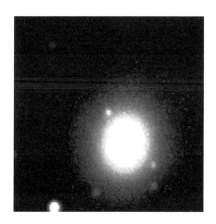

図 **1.4** 日本の可視光・近赤外線観測チームが撮影した GW170817 の電磁波対応天体（キロノバ）の撮像写真．左と右がそれぞれ，連星中性子星の合体後 1.17–1.70 日および 7.17–7.70 日の観測結果．楕円状に大きく輝いて見えるのがレンズ状銀河 NGC 4993 で，その左斜め上に写っているのがキロノバ．キロノバが合体後に明るく輝きだし，その後暗くなっていく様子が観測された．Y. Utsumi et al., Publications of the Astronomical Society of Japan, **69**, 6 (2017) より転載．

て，それらの観測結果が，いわゆるキロノバモデル（図 1.5 および 5.1.5 項参照）で整合的に説明できることが判明した．つまり，合体が起き，中性子過剰物質が飛び散り，その中で r プロセス元素合成（5.1.4 項参照）が進み，やがて不安定重元素の崩壊熱で輝いたことが，間接的にではあるが確認されたのだ．

　GW170817 に対しては，可視光・赤外線以外にも，γ 線，X 線，電波が観測された．特に，X 線と電波は 1 年以上にわたって観測され，連星中性子星の合体に伴って発生したと考えられる相対論的なアウトフロー（あるいはジェット）の証拠が得られた．相対論的アウトフローが，希薄な物質を掃きながら星間空間を進むときに起きるシンクロトロン放射が長期間にわたって詳細に観測されたからである（図 1.6 参照）．このアウトフローは，もともとは γ 線バーストを起こしたジェットの名残，と現在は推定されている．連星中性子星の一部は，継続時間が 2 秒以内の γ 線バーストを引き起こすだろう，と長い間推測されてきたが，この観測以前に確実な証拠が得られたことはなかった．

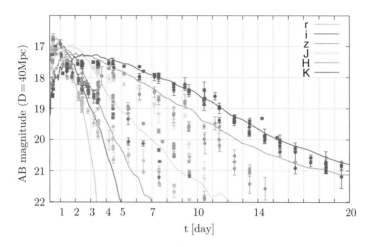

図 1.5　GW170817 の電磁波対応天体（キロノバ）からの放射光度の時間変化．横軸が合体後の経過時間を，縦軸が見かけの等級を表す（絶対等級が 2.5 増えると光度は 1/10 になる）．r, i, z, J, H, K とは，620, 760, 910, 1220, 1630, 2190 nm 付近の波長の光度を意味する．したがって，r, i, z が可視光線域，J, H, K が近赤外線域の光度を表す．なお，r や i の波長領域がピークになるような黒体輻射の場合，17 等級とは光度がおよそ $5 \times 10^{41}$ erg s$^{-1}$ であることを意味する（距離を 40 Mpc と仮定した場合：なお，1 Mpc は百万 pc で，1 pc は約 3.26 光年）．観測データは，V. A. Villar et al., Astrophysical Journal **851**, L21 (2018) から，また理論曲線のデータは，K. Kawaguchi et al., Astrophys. J. **889**, 171 (2020) から取得．図は川口恭平氏が提供（口絵 1 参照）．

　しかし，この X 線と電波の長期間観測の結果，間接的ながら，連星中性子星の合体に伴って $\gamma$ 線バーストが発生した確かな証拠が初めて得られたのだ．

　ここで強調すべきは，連星中性子星の合体の確実な証拠が，重力波観測によって得られた点である．この証拠は，電磁波観測だけからでは決して得られなかった．つまり，連星中性子星の合体が $\gamma$ 線バーストを起こす証拠は，電磁波観測だけからでは得られなかったのだ．重力波観測と電磁波観測を組み合わせたマルチメッセンジャー天文観測の強力さが，如実に示されたのである．今後も，重力波と電磁波，さらにはニュートリノを組み合わせたマルチメッセンジャー観測が，未解明の現象の解明に大きく貢献することが期待される．

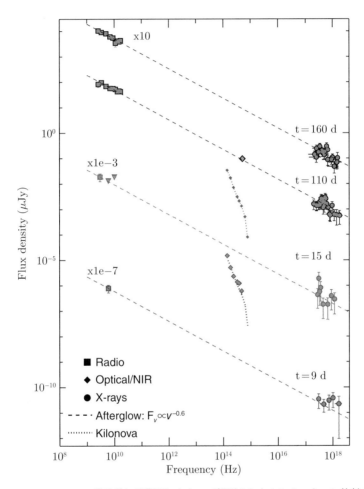

図 **1.6** GW170817 の発生後に長期間にわたって観測されたシンクロトロン放射のスペクトル．連星中性子星合体から 9, 15, 110, 160 日後の観測結果が描かれている．横軸が電磁波の周波数を，縦軸が単位周波数あたりのフラックスを表す（$\mu$Jy とは，$10^{-29}$ erg/s/cm$^2$/Hz を表す）．可視光・赤外線領域（$10^{14}$–$10^{15}$ Hz あたり）では，キロノバのスペクトルも描かれている．なお，図に収まるように，各観測結果は，定数倍されて描かれている（例えば x10, x1e-3 ならそれぞれ 10 倍，$10^{-3}$ 倍されている）．フラックスが周波数 $\nu$ の約 $-0.6$ 乗に依存する点が，シンクロトロン放射の特徴を表している．R. Margutti et al., Astrophysical Journal, **856**, L18 (2018) より転載．

## 1.4　数値相対論とは

　数値相対論とは，中性子星やブラックホール同士の合体のような，強い重力場で起きるダイナミカルな現象を，一般相対論の枠組みにおける数値計算によって解き明かす研究を指す．一般相対論の基本方程式であるアインシュタイン方程式は時空構造を決めるための式だが，初期値問題を解く形式に書き改めれば，空間の曲がり具合が時間とともにどう変化していくかを定式化したものと解釈できる．つまりこれを解けば，例えば，2 つのブラックホールが合体する現象において，空間の曲がり具合がどのように変化していくか，重力波がどのように放射されるか，などの知見が得られる．ただし，アインシュタイン方程式は非線形連立偏微分方程式と呼ばれる非常に複雑な式であり，解析的に解を求めることは不可能である．そのため，数値的な解法を取り入れることが不可欠になり，数値相対論という分野が誕生した．

　ここで言う数値的な解法とは，大雑把に言えば，本来微分すべきところを差分に置き換えて解くことを指す．つまり，時空を不連続な代表点の集合で表し，変化率を求めるために微分すべきところを，代表点に割り当てられた物理量間の引き算（差分法と呼ばれる）で代用して解く（詳しくは第 3 章参照）．厳密解は得られないが，代表点の間隔を細かくしていき連続極限を取ることで，数値的にでも十分に正確な解を得ることができる．

　数値相対論研究は 1970 年代初頭に始まり，1990 年代から本格化した．日本でも京都大学を中心とするグループが黎明期から今日に至るまで活躍し，その発展に大きく貢献してきた．1990 年代以降，研究が本格化したのは，アメリカの LIGO 計画をはじめとする大型重力波望遠鏡の建設計画が進んだからである．重力波天文学では，重力波の波形をあらかじめ正確に予想し，それをテンプレートとしてデータ解析を行う．つまり，予想される重力波源の運動状態を理論的に解き明かし，かつ放射される重力波の波形をあらかじめ求めておく必要がある．最も有力とされる重力波の放射源はブラックホールあるいは中性子星 2 つからなる連星の合体だが，このような強重力現象を解

き明かす唯一の方法が数値相対論であるため，この研究が求められることになった．理論研究は，実験・観測計画の存在によって初めて活性化されるのだが，その端的な例である．

重力波の波形を予想する以外にも，他の観測可能なシグナルを予想することも数値相対論の重要な役割である．前節で述べたように，重力波に付随して$\gamma$線バーストやキロノバのような高エネルギー天体現象が発生しうる．これらの現象の観測的特徴を予言したり，観測結果を解釈したりするうえでも，数値相対論は不可欠である．

数値相対論の手法は 2000 年代に確立され，今では，ブラックホールや中性子星同士の合体，大質量星のブラックホールへの重力崩壊など，多様な問題に応用可能である．本書ではまず，数値相対論の基本方程式やその数値解法について解説する．後半では特に中性子星連星（連星中性子星またはブラックホール・中性子星連星）の合体に焦点を絞り，最新の計算結果，これまでに得られた知見，および将来期待される成果について紹介する．

# 第2章

# 数値相対論の基本方程式

数値相対論の核心はアインシュタイン方程式を数値的に解くことである.
本章では,そのための定式化を解説する.以下ではまず一般相対論や重力波
について簡潔に述べた後に,アインシュタイン方程式の3+1形式を紹介する.
これらの準備の後に,数値相対論の基本方程式の中でも最も広く採用されて
いる BSSN 形式について解説する.なおこの章では,ギリシア文字の添え字
が4次元時空の成分を表し,ラテン文字の添え字が空間成分を表す.また上
下に同じ添字が現れるときには,和(縮約)を取ることを暗に仮定する.

## 2.1 ▶ 一般相対論

アインシュタインは,等価原理と一般相対性原理と呼ばれる基本原理から
出発し,その深く鋭い洞察に基づいた思考実験を介して一般相対論を構築し
た.この理論が驚異的なのは,それが純粋に理論的に構築されたにもかかわ
らず,これまでに行われてきたあらゆる観測および実験の結果と矛盾しない
からである.古くは,水星の近日点移動率や光線の太陽重力による屈折角度
を正確に言い当て,その後も,重力波,膨張宇宙,およびブラックホールの
存在を正しく予言してきた.とてつもなく予言力の高い理論である.観測結
果と一切の矛盾が見られないので,強重力天体や重力波に関する研究は,通
常,一般相対論が正しいことを前提にして進められる.したがって本書でも,
一般相対論を重力の基本法則として採用する.

一般相対論の基本方程式であるアインシュタイン方程式は,

$$G_{\mu\nu} = 8\pi \frac{G}{c^4} T_{\mu\nu}. \tag{2.1}$$

である．ここで左辺はアインシュタインテンソルと呼ばれ，時空の曲がり具合を表す．一方，右辺の $T_{\mu\nu}$ はエネルギー運動量テンソルと呼ばれ，物質の分布と運動状態を表す．式 (2.1) は，物質が存在する（右辺）と時空が曲がること（左辺）を表している．なお，$G_{\mu\nu}$, $T_{\mu\nu}$ はともに，対称なテンソルである．また，$G$ と $c$ はそれぞれ万有引力定数と光速度を表す．

$G_{\mu\nu}$ は，時空の計量 $g_{\mu\nu}$ の関数であるが，これは4次元のリッチテンソル $\overset{(4)}{R}_{\mu\nu}$ を用いて次式で書かれる：

$$G_{\mu\nu} := \overset{(4)}{R}_{\mu\nu} - \frac{1}{2} g_{\mu\nu} \overset{(4)}{R}{}^{\alpha}_{\alpha}. \tag{2.2}$$

ここで，$\overset{(4)}{R}{}^{\alpha}_{\alpha}$ は4次元のスカラー曲率を表し，リッチテンソルの縮約を取ることで得られる．4次元量にはすべて (4) というラベルをつけたが，後に3次元空間のリッチテンソル，リーマンテンソル，クリストッフェル記号に，それぞれ，$R_{\mu\nu}$, $R_{\mu\nu\alpha\beta}$, $\Gamma^{\alpha}_{\mu\nu}$ を用いるので，それらとの区別のためにしている．

リッチテンソルは，リーマンテンソル $\overset{(4)}{R}_{\mu\nu\alpha\beta}$ の縮約を取ることにより，$\overset{(4)}{R}_{\mu\nu} = \overset{(4)}{R}_{\mu\alpha\nu}{}^{\alpha}$ と定まる．ここでリーマンテンソルは，曲率を定義する式

$$\overset{(4)}{R}_{\mu\nu\alpha}{}^{\beta} v_{\beta} = (\nabla_{\mu}\nabla_{\nu} - \nabla_{\nu}\nabla_{\mu}) v_{\alpha} \tag{2.3}$$

から以下の形に導かれる：

$$\overset{(4)}{R}_{\mu\nu\alpha}{}^{\beta} = \partial_{\nu} \overset{(4)}{\Gamma}{}^{\beta}_{\mu\alpha} - \partial_{\mu} \overset{(4)}{\Gamma}{}^{\beta}_{\nu\alpha} + \overset{(4)}{\Gamma}{}^{\sigma}_{\mu\alpha} \overset{(4)}{\Gamma}{}^{\beta}_{\nu\sigma} - \overset{(4)}{\Gamma}{}^{\sigma}_{\nu\alpha} \overset{(4)}{\Gamma}{}^{\beta}_{\mu\sigma}. \tag{2.4}$$

ここで，$\nabla_{\alpha}$ は共変微分を，$\partial_{\alpha} = \partial/\partial x^{\alpha}$ は偏微分を表す．また，$v^{\alpha}$ は任意のベクトル場である．クリストッフェル記号 $\overset{(4)}{\Gamma}{}^{\alpha}_{\mu\nu}$ は，計量の共変微分がゼロ，$\nabla_{\alpha} g_{\mu\nu} = 0$，という要請から以下のとおりに決まる：

$$\overset{(4)}{\Gamma}{}^{\alpha}_{\mu\nu} = \frac{1}{2} g^{\alpha\beta} \left( \partial_{\mu} g_{\nu\beta} + \partial_{\nu} g_{\mu\beta} - \partial_{\beta} g_{\mu\nu} \right). \tag{2.5}$$

リーマンテンソル $\overset{(4)}{R}_{\mu\nu\alpha\beta}$ は，添字の入れ替え，$\alpha \leftrightarrow \beta$ および $\mu \leftrightarrow \nu$ に対して反対称だが，この性質は 2.3.4 項でたびたび用いられる．また，リーマンテンソルは，次式で表されるビアンキの恒等式を満たす：

$$\nabla_\alpha \overset{(4)}{R}_{\beta\mu\nu\sigma} + \nabla_\beta \overset{(4)}{R}_{\mu\alpha\nu\sigma} + \nabla_\mu \overset{(4)}{R}_{\alpha\beta\nu\sigma} = 0. \tag{2.6}$$

この式に対して，さらに 2 回縮約を取ると，$G_{\mu\nu}$ に対する恒等式

$$\nabla_\alpha G^\alpha{}_\beta = 0 \tag{2.7}$$

が得られる．これにアインシュタイン方程式 (2.1) を代入すると，エネルギー運動量テンソルは，次の保存則を満たさなくてはならないことがわかる：

$$\nabla_\alpha T^\alpha{}_\beta = 0. \tag{2.8}$$

式 (2.8) が物質場に対する基本方程式になる．$\nabla_\alpha$ が現れることからわかるとおり，この運動方程式は，曲がった時空における物質場の運動（具体的には物質の運動量密度とエネルギー密度の時間発展）を決める（詳しくは第 4 章参照）．

以上をまとめると，一般相対論における基本方程式は，式 (2.1) と (2.8) である．前者は，与えられた物質分布に対して時空の曲がり具合を決める式で，後者は前者で決められた時空中での物質の運動を決める式である．ただし，アインシュタイン方程式の解および物質の運動状態を首尾一貫した形で得るには，この 2 つの方程式を同時に満足させる必要がある．

## 2.2 一般相対論における重力波

数値相対論研究の重要な役割の 1 つは，重力波について調べることである．そこで先に進む前に，一般相対論における重力波について簡単に触れておく．

### 2.2.1 波動方程式としてのアインシュタイン方程式

まず，アインシュタイン方程式が本質的には波動方程式であることを示そ

う. それには, 文献 [4] に従い, 式 (2.1) をテンソル密度, $\mathcal{G}^{\mu\nu} := \sqrt{-g}g^{\mu\nu}$, の関数として書き下すとよい. ここで $g = \det(g_{\mu\nu})$ である. すると式 (2.1) は

$$\partial_\alpha\partial_\beta(\mathcal{G}^{\mu\nu}\mathcal{G}^{\alpha\beta} - \mathcal{G}^{\mu\alpha}\mathcal{G}^{\nu\beta}) = \frac{16\pi G}{c^4}(-g)(T^{\mu\nu} + t_{\mathrm{LL}}^{\mu\nu}) \qquad (2.9)$$

と書き換えられる. ここで, $t_{\mathrm{LL}}^{\mu\nu}$ はランダウ・リフシッツ (Landau-Lifshitz) の擬テンソルと呼ばれる量であり, $\partial_\alpha\mathcal{G}^{\mu\nu}$ の 2 次の項からなる.

一般相対論は共変的な（選んだ座標によらない）理論なので, 座標変換自由度（ゲージ自由度とも呼ばれる）が存在する. そこで, ハーモニックゲージ条件

$$\Box_g x^\mu = \frac{1}{\sqrt{-g}}\partial_\alpha\left(g^{\alpha\beta}\sqrt{-g}\,\partial_\beta x^\mu\right) = \frac{1}{\sqrt{-g}}\partial_\alpha\mathcal{G}^{\alpha\mu} = 0 \qquad (2.10)$$

を採用し, 自由度を固定する. すると, 式 (2.9) は以下の形に帰着する:

$$\sqrt{-g}\,\Box_g\mathcal{G}^{\mu\nu} = \frac{16\pi G}{c^4}(-g)(T^{\mu\nu} + t_{\mathrm{LL}}^{\mu\nu}) + \partial_\alpha\mathcal{G}^{\nu\beta}\partial_\beta\mathcal{G}^{\mu\alpha}. \qquad (2.11)$$

式 (2.11) が示すように, アインシュタイン方程式は, 計量に対する双曲型の方程式（波動方程式）に書き換えられる. このことから, 重力波の存在が示唆される.

## 2.2.2 線形のアインシュタイン方程式

重力波の存在をより明確に理解するには, 線形近似を考えるとよい. 線形近似とは, 重力が弱く, 計量 $g_{\mu\nu}$ と平坦計量 $\eta_{\mu\nu}$ の差が小さい場合に,

$$g_{\mu\nu} = \eta_{\mu\nu} + h_{\mu\nu} \qquad (2.12)$$

とおいて, アインシュタイン方程式を $h_{\mu\nu}$ に関して摂動展開し, $h_{\mu\nu}$ の 1 次の項までを考慮する近似である. ここで平坦計量とは, 対角成分のみゼロでない値をもち, $(tt, xx, yy, zz)$ 成分に対してそれぞれ $(-c^2, 1, 1, 1)$ となる計量である. ところで, この例からわかるように, $t$ を時間座標に採用すると $c$ が計量に現れる. そこで, 光速度を表に出さないようにするために, 新たに $x^0 := ct$

を定義する．これを時間座標に用いると，$\eta_{\mu\nu}$ の対角成分は $(-1,1,1,1)$ になる．また計量はどの成分も次元をもたない量になる．そこで本書では，特に断らない限り，座標系として基本的には $(x^0, x, y, z)$ を採用する．

さて，線形近似では以下の量を定義すると便利である：

$$\psi_{\mu\nu} := h_{\mu\nu} - \frac{1}{2}\eta_{\mu\nu}\eta^{\alpha\beta}h_{\alpha\beta}. \tag{2.13}$$

これを用いると，線形化されたアインシュタインテンソルは

$$G_{\mu\nu} = \frac{1}{2}\left(-\Box\psi_{\mu\nu} + \partial_\alpha\partial_\mu\psi^\alpha_{\ \nu} + \partial_\alpha\partial_\nu\psi^\alpha_{\ \mu} - \eta_{\mu\nu}\partial_\alpha\partial_\beta\psi^{\alpha\beta}\right) \tag{2.14}$$

と書かれる．ここで $\Box$ は平坦時空のダランベルシアンを表し $(\Box = \eta^{\alpha\beta}\partial_\alpha\partial_\beta)$，また $\psi^\alpha_{\ \mu} = \eta^{\alpha\beta}\psi_{\beta\mu}$，$\psi^{\alpha\beta} = \eta^{\alpha\mu}\eta^{\beta\nu}\psi_{\mu\nu}$ である．式 (2.14) を式 (2.1) に代入すれば，線形のアインシュタイン方程式が得られる．

次に，座標変換自由度を用いて式 (2.14) を書き換える．線形近似では，微小座標変位 $\xi^\mu$ 分の無限小座標変換 $x^\mu \rightarrow x^\mu - \xi^\mu$ に対して，$h_{\mu\nu}$ と $\psi_{\mu\nu}$ は各々

$$h_{\mu\nu} \rightarrow \bar{h}_{\mu\nu} = h_{\mu\nu} + \partial_\mu\xi_\nu + \partial_\nu\xi_\mu, \tag{2.15}$$

$$\psi_{\mu\nu} \rightarrow \bar{\psi}_{\mu\nu} = \psi_{\mu\nu} + \partial_\mu\xi_\nu + \partial_\nu\xi_\mu - \eta_{\mu\nu}\partial_\alpha\xi^\alpha, \tag{2.16}$$

と変換される．ただし，$\xi_\mu = \eta_{\mu\nu}\xi^\nu$ である．そこでゲージ条件として，

$$\eta^{\alpha\beta}\partial_\alpha\bar{\psi}_{\beta\mu} = 0 \tag{2.17}$$

が満たされるものを選択する．すると式 (2.16) から，次式が要請される：

$$0 = \eta^{\alpha\beta}\partial_\alpha\psi_{\beta\mu} + \Box\xi_\mu. \tag{2.18}$$

$\xi^\mu$ の 4 成分の自由度を使えば，与えられた $\psi_{\mu\nu}$ に対して，式 (2.18) を満足させることができる．したがって，このゲージ条件は選択可能だとわかる．式 (2.17) で定まるゲージ条件は，ローレンツ条件と呼ばれる．これは，線形近似の枠内ではハーモニック条件 (2.10) と一致する．なお，この節では今後常

に，ローレンツ条件のもとでの表式を導出することに留意していただきたい．

ローレンツ条件において，線形のアインシュタインテンソルは

$$G_{\mu\nu} = -\frac{1}{2}\Box\psi_{\mu\nu} \tag{2.19}$$

と簡単になる．よって，線形のアインシュタイン方程式は次式で書かれる：

$$\Box\psi_{\mu\nu} = -\frac{16\pi G}{c^4}T_{\mu\nu}. \tag{2.20}$$

このように，エネルギー運動量テンソルを源にした波動方程式が得られるが，これは，4 元電流密度を源にした，電磁場の基本方程式であるマクスウェル (Maxwell) 方程式に似ている．よって，電磁波同様に重力波が存在するだろうと推測される．なお，式 (2.20) が真空中では波動方程式に帰着することから，電磁波同様，重力波も光速度で伝わることが推測される．

### 2.2.3　重力波の自由度

式 (2.20) から，重力波の存在が予感されるが，$\psi_{\mu\nu}$ の 10 成分すべてが重力波を表すわけではない．この節では，真空中の線形アインシュタイン方程式

$$\Box\psi_{\mu\nu} = 0 \tag{2.21}$$

の解を考え，重力波の自由度が 2 つしかないことを示す．

式 (2.21) は 10 成分の方程式だが，ローレンツ条件を課した後に得られた式なので，この段階ですでに 6 成分しか自由度が存在しない．さらにローレンツ条件には，$\Box\xi^{\mu} = 0$ を満足する $\xi^{\mu}$ の分，さらに座標変換を行っても，式 (2.21) が変化しない，という性質がある（式 (2.18) 参照）．したがって，この $\xi^{\mu}$ に付随する 4 つの自由度を用いれば，$\psi_{\mu\nu}$ に残った 6 つの自由度をさらに 2 つにまで減らせる．その結果，波動方程式 (2.21) の解の真の自由度は，2 成分しか存在しないことがわかる．この 2 つの自由度が重力波の自由度を表す．

一般相対論の標準的な教科書（例えば文献 [4]）に記載されている座標変換を具体的に用いると，式 (2.21) に対して，以下の形の平面波解を得ることが

できる：

$$
\psi_{\mu\nu} =
\begin{pmatrix}
0 & 0 & 0 & 0 \\
0 & h_+ & h_\times & 0 \\
0 & h_\times & -h_+ & 0 \\
0 & 0 & 0 & 0
\end{pmatrix}. \tag{2.22}
$$

ここで行列成分は，$x^0, x, y, z$ の順に表示され，重力波は $z$ 方向に伝搬することが仮定されている．$h_+$，$h_\times$ が + モード，× モードと呼ばれる重力波成分を表し，これらは遅延時間，$(x^0 - z)/c$, の関数である．なおトレースがゼロなので，$h_{\mu\nu} = \psi_{\mu\nu}$ である．式 (2.22) が示すとおり，重力波はトレースがゼロでかつ横波成分（伝搬方向と直交する方向の成分）だけをもつ．横波成分だけしかもたない性質は，電磁波と同様である．

重力波が通過する場合の空間の歪み方を知るには，測地線偏差の方程式を用いるとよい．例として，式 (2.22) で表される重力波を考えよう．$\tau$ を観測者の固有時間とすると，測地線偏差の方程式は以下の形に書かれる：

$$
\frac{D^2 x}{d\tau^2} = \frac{1}{2}\left(\ddot{h}_+ x + \ddot{h}_\times y\right), \qquad
\frac{D^2 y}{d\tau^2} = \frac{1}{2}\left(\ddot{h}_\times x - \ddot{h}_+ y\right). \tag{2.23}
$$

ここで左辺は加速度を概念的に表記している．また $\ddot{h} = \partial^2 h/\partial t^2$ である．$x$-$y$ 平面に置かれた近接する 2 つの物体間の固有距離は，式 (2.23) に従い変化するが，図 2.1 にその様子を示した．左図，右図がそれぞれ，$h_+$，$h_\times$ による変化の様子である．この図は，紙面に垂直方向から重力波が入射したことを

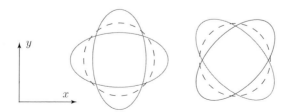

図 **2.1**　紙面に垂直方向から重力波が入射した場合の空間の歪み方．もともと破線円上に配置されていた質点は，重力波が通過すると，実線の楕円形のように分布を変化させる．左図，右図がそれぞれ，$h_+$，$h_\times$ による歪みを表す．

仮定して描かれている. 重力波の通過によって空間が歪み, 円形に配置された物体は楕円体形に配置を変えることが示されている. また, +, × モードによる変形の仕方は, お互いに 45 度だけ主軸がずれているのが特徴である. 図 1.1 で紹介したレーザー干渉計では, このような空間の非等方的な歪みが存在すると光の干渉が破れるが, その性質が重力波検出に利用される.

この節で示したとおり, 一般相対論では, 重力波には 2 つの偏光モード, $h_+$ と $h_\times$, しか存在しない. しかし, 計量の空間成分は 6 成分からなる. そのため, 一般相対論とは異なる重力理論では, 3 つ以上の重力波偏光モードが存在しうる. よって, 偏光が 2 つしか存在しないことが確認されれば, 一般相対論が一層支持されるようになるだろう. 逆に, 3 つ以上の偏光成分が見つかるようなことが起きると, 一般相対論に変わる新たな理論が必要なこと (つまり大発見) になる. そのため, 重力波の偏光数を決めることは, 重力波望遠鏡の最も重要な課題の 1 つだと言える.

### 2.2.4 重力波の発生

次に, エネルギー運動量テンソルが存在する場合に対して, 式 (2.20) の解を調べよう. $(x^0, x, y, z)$ を座標として採用しているので, 式 (2.20) は, 10 成分のスカラー波動方程式と同等になる. すると, グリーン関数法を用いて, 各成分に対して形式的に解を以下の形に書くことができる:

$$\psi_{\mu\nu}(x^0, x^i) = \frac{4G}{c^4} \int \frac{T_{\mu\nu}(x^0 - |x^i - x'^i|,\ x'^i)}{|x^i - x'^i|}\, d^3x'. \quad (2.24)$$

ここで $x^i = (x, y, z)$ である. 前小節で述べたように, $\psi_{\mu\nu}$ のすべての成分が重力波を表すわけではないことに注意しよう. つまり, $\psi_{\mu\nu}$ から重力波成分を抽出するには何らかの作業が必要になる. これについては後ほど述べる.

以下では, 物質が限られた領域にのみ分布していることを仮定し, 物質から十分に離れた領域 (具体的には, 重力波の波長以上離れた波動帯と呼ばれる領域) での $\psi_{\mu\nu}$ を考える. そこで, $D := |x^i| (\gg |x'^i|)$ とおき, $1/D$ の最低次の項にのみ着目すると, 式 (2.24) は

$$\psi_{\mu\nu}(x^0, x^i) = \frac{4G}{c^4 D} \int T_{\mu\nu}\left(x^0 - |x^i - x'^i|,\ x'^i\right) d^3x', \quad (2.25)$$

と書き換えられる．さらに，$|x^i| \gg |x'^i|$ を用いて，エネルギー運動量テンソルを以下のようにテーラー展開する：

$$
\begin{aligned}
&T_{\mu\nu}\left(x^0 - |x^i - x'^i|,\ x'^i\right) \\
&= T_{\mu\nu}\left(x^0_{\mathrm{ret}},\ x'^i\right) - \frac{1}{D}\sum_j x^j x'^j \partial_0 T_{\mu\nu}\left(x^0_{\mathrm{ret}},\ x'^i\right) + \cdots . \quad (2.26)
\end{aligned}
$$

上式で，$x^0_{\mathrm{ret}}/c := (x^0 - D)/c$ は遅延時間を表し，$\partial_0$ は $x^0$ による偏微分を表す．ここで，$T_{\mu\nu}$ の変化にかかる特徴的な時間を $\tau$ とすれば，式 (2.26) の右辺 2 項目と 1 項目の大きさの比は，$|x'^i|/(c\tau)$ 程度である．また，$|x'^i|/\tau$ は重力波源の特徴的な速度 $v$ 程度の量なので，$|x'^i|/(c\tau) \sim v/c$ と書ける．つまり式 (2.26) の展開は，$v/c$ によるテーラー展開に等しい．そこで，$v \ll c$ と仮定し，$v/c$ の最低次の項以外は無視すると，式 (2.25) は次式に帰着する：

$$
\psi_{\mu\nu}(x^0, x^i) = \frac{4G}{c^4 D}\int T_{\mu\nu}\left(x^0_{\mathrm{ret}},\ x'^i\right)\, d^3 x'. \quad (2.27)
$$

式 (2.27) の右辺の 00 成分と 0$i$ 成分の積分は，それぞれ，系の全エネルギーと全運動量に比例する．これらは保存量なので，$\psi_{00}$ と $\psi_{0i}$ は時間変化しない．つまり重力波とは無関係である．よって，残された空間成分のみが重力波の情報を含む．ここでエネルギー運動量テンソルが流体からなる標準的な天体を考え，かつ $T^{00}$ が $T^{00} = \rho c^2$ と質量密度 $\rho$ で書けるとしよう．すると，線形近似で成立する保存則 $\partial_\mu T^{\mu\nu} = 0$ を用いた若干の計算の後に，

$$
\psi_{ij} = \frac{2G}{c^4 D}\frac{d^2}{dt^2}\int d^3 x\, \rho x^i x^j = \frac{2G}{c^4 D}\ddot{I}_{ij}(t_{\mathrm{ret}}) \quad (2.28)
$$

が得られる（文献 [3, 4] 参照）．ここで，$I_{ij}$ は系の 4 重極モーメントを表す．この $\psi_{ij}$ の中のトレースがゼロでかつ横波の成分が，重力波を表す．

重力波を $\psi_{ij}$ から抽出するには，さらに射影演算子を作用させる必要がある．具体的には，重力波の伝搬方向を $n^i$ とし，$P_{ij} = \delta_{ij} - n_i n_j$ を定義し，

$$
h_{ij}^{\mathrm{GW}} = \left[ P_i{}^k P_j{}^l - \frac{1}{2} P_{ij} P^{kl} \right]\frac{2G}{c^4 D}\frac{d^2 I_{kl}}{dt^2} \quad (2.29)
$$

とすれば, 重力波成分が抽出される. ただし, 4 重極モーメントのトレース
を $I := \sum_k I_{kk}$ として, トレースゼロの成分 $\mathcal{I}_{ij}$ は以下で定義される :

$$\mathcal{I}_{ij} := I_{ij} - \frac{1}{3}\delta_{ij}I. \tag{2.30}$$

球対称時空では $\mathcal{I}_{ij} = 0$ なので, 重力波が放射されないことがわかる. また,
定常な時空でも $d^2\mathcal{I}_{kl}/dt^2 = 0$ なので, 重力波は放射されない.

　次に, 式 (2.29) からエネルギー放射光度を求めよう. 一般相対論では, $x^k$ 方
向に沿って伝搬する重力波の単位時間, 単位面積あたりのエネルギー流量は,

$$t_{tk} = \frac{1}{32\pi}\frac{c^4}{G}\sum_{i,j}\left\langle \dot{h}_{ij}^{\mathrm{GW}}\partial_k h_{ij}^{\mathrm{GW}} \right\rangle \tag{2.31}$$

で与えられる. ここで $\langle\cdots\rangle$ は, 重力波数周期分で時間平均を取ることを意
味する. 一般相対論においてはエネルギーを局所的に定義できないため, エ
ネルギー変化率や光度を求める際には常に平均操作が必要になる.

　$\bar{n}^k$ を単位法線ベクトルとする球面を通過する単位立体角, 単位時間あた
りの重力波のエネルギー流量は, $t_{tk}$ を用いて次式から計算される (文献 [4]
参照) :

$$\frac{dE}{dtd\Omega} = \lim_{D\to\infty} t_{tk}D^2\bar{n}^k = \frac{1}{8\pi}\frac{G}{c^5}\sum_{i,j}\left\langle \frac{d^3\mathcal{I}_{ij}^{\mathrm{TT}}}{dt^3}\frac{d^3\mathcal{I}_{ij}^{\mathrm{TT}}}{dt^3} \right\rangle. \tag{2.32}$$

ここで, $\mathcal{I}_{ij}^{\mathrm{TT}} := \left(P_i{}^k P_j{}^l - P_{ij}P^{kl}/2\right)\mathcal{I}_{kl}$ である. これは射影演算子 $P_{ij}$ を通
して方向に依存している. このことに注意して球面全体で表面積分を実行す
れば, エネルギー放射光度 (いわゆる 4 重極公式) が以下の形に得られる :

$$\frac{dE}{dt} = \frac{1}{5}\frac{G}{c^5}\sum_{i,j}\left\langle \frac{d^3\mathcal{I}_{ij}}{dt^3}\frac{d^3\mathcal{I}_{ij}}{dt^3} \right\rangle. \tag{2.33}$$

　この節を閉じる前に, 重力波源の特徴を知るため, $dE/dt$ と重力波の振幅
の大きさを大雑把に見積ろう. $d^3\mathcal{I}_{ij}/dt^3$ の大きさは, 重力波源の質量, 特徴
的な長さスケール, 時間変化のスケール, 非球対称度をそれぞれ, $M$, $R$, $\tau$,
$\delta_I$ とすれば, 次元解析により $MR^2\tau^{-3}\delta_I$ と見積られる. よって,

$$\frac{dE}{dt} \sim \frac{G}{5c^5} M^2 R^4 \tau^{-6} \delta_I^2 = \frac{c^5}{5G} \delta_I^2 \left(\frac{GM}{c^2 R}\right)^2 \left(\frac{R}{c\tau}\right)^6, \tag{2.34}$$

と評価される．ここで，$GM/(c^2 R)$ は天体のコンパクトさを表す無次元量である．また $R/\tau$ は速度 $v$ 程度の大きさなので，$R/(c\tau) \sim v/c$ である．したがって，$\delta_I$，$GM/(c^2 R)$，$R/(c\tau)$ はいずれも 1 を超えない無次元量である．ゆえに，重力波の光度はどんなに大きくても $c^5/G$ の 10% 程度と言える．ここで，$c^5/G$ は古典論で達成しうる最大光度を表し，その大きさは $3.6 \times 10^{59} \, \mathrm{erg \, s^{-1}}$ にもなる．よって，その 10% といえども，宇宙で最大光度の電磁波を放射する $\gamma$ 線バーストの典型的な光度よりも，7 桁ほど高い光度になる．つまり，式 (2.34) は，重力波の光度が桁外れに高くなりうることを示している．

しかし，重力波の光度が高くても，観測される重力波の振幅は一般的には非常に小さい．式 (2.29) に対して，4 重極モーメントの 2 階微分を $MR^2/\tau^2 \sim Mv^2$ と評価して代入すると，次式が得られる：

$$h \sim 2\delta_I \left(\frac{GM}{c^2 D}\right) \left(\frac{v}{c}\right)^2 \sim 2\delta_I \left(\frac{c\tau}{D}\right) \left(\frac{GM}{c^2 R}\right) \left(\frac{v}{c}\right)^3. \tag{2.35}$$

これから，重力波の振幅は，与えられた周波数 $f \sim \tau^{-1}$ に対して，波源が光速度に近い速度で運動し，コンパクトであり，かつ高い非球対称度をもつ場合にのみ大きいことがわかる．つまり，重力場が時間的にも空間的にも激しく変動する一般相対論的現象だけが，強力な重力波源になりうる．そのため，重力波源について理論的に調べるには，数値相対論が必要になるのだ．

しかし，式 (2.35) が示すとおり，振幅はどんなに大きくても $GM/(c^2 D)$ 程度である．$GM/c^2$ は物体の重力半径を表すので，重力波源として天体現象を想定する限り，宇宙論的な距離である $D$ に比べればそれは圧倒的に小さい．例えば，質量が $1.4 M_\odot$ の中性子星同士が合体する場合，$GM/c^2$ は約 $4 \, \mathrm{km}$ で，$v/c$ は最大で約 0.3 である．したがって，仮に運良く我々の銀河系中心（$D \approx 8 \, \mathrm{kpc} \approx 2.5 \times 10^{17} \, \mathrm{km}$）で重力波が発生したとしても，$h$ はせいぜい $3 \times 10^{-18}$ 程度，と大変小さい．重力波が通過すると，長さ $L$ の棒は $\sim hL$ だけ伸縮するが，例えば $L = 1 \, \mathrm{km}$ でも $hL$ は $10^{-13} \, \mathrm{cm}$ のオーダーであり，原子核の半径程度である．つまり，重力波の検出には微小長の精密測定が必要に

なる．これが重力波の直接検出が難しかった理由である．幸い現在では，周波数が 100 Hz 程度であれば，$h \sim 10^{-22}$ 程度の揺らぎでさえも検出可能なので，我々の銀河のはるか遠方で発生する重力波さえもが，観測可能になった．

## 2.3　3+1 形式

　数値相対論の主目的は，ブラックホールや中性子星同士の合体のような時間発展する系の解を理論的に求めることだが，そのためには，アインシュタイン方程式を初期値問題に適した形に定式化する必要がある．この目的のために考案された最も有名な定式化が，3+1 形式（3 次元空間を時間方向に発展させる形式）である．そこで本節ではまずこれについて解説する．なお，2.1 節で述べたように，一般相対論において解を求めるには，アインシュタイン方程式と同時に物質場の運動方程式も解く必要がある．一般相対論的運動方程式の定式化については，第 4 章で述べる．

　先に進む前に，なぜ3+1 形式のような定式化が必要かについて補足しておこう．一般相対論は特殊相対論と同様，時間と空間が等価であることを前提に構築されている．また共変性をもつ（座標不変な）理論であるため，アインシュタイン方程式の中で時間座標や空間座標がそれと明記されて現れることはない．したがって，時間発展する系に対してアインシュタイン方程式を解くには，まず適切な時間座標を選ばなくてはならないが，これがそれほど簡単ではない．つまり，適当に選んだ時間座標が，常に物理的な時間を表している保証はない．この点を端的に示すよく知られた例が，シュバルツシルド (Schwarzschild) 解と呼ばれるブラックホールを表す以下の解である（$M$ はブラックホールの質量を表す）：

$$ds^2 = -\left(1 - \frac{2GM}{c^2 r}\right)c^2 dt^2 + \left(1 - \frac{2GM}{c^2 r}\right)^{-1} dr^2 + r^2(d\theta^2 + \sin^2\theta d\varphi^2).$$

(2.36)

この解の座標 $t$ は，ブラックホールの事象の地平面，$r = 2GM/c^2$，の外側では時間を表すが，内側で空間的になってしまう（つまり $g_{tt} > 0$, $g_{rr} < 0$ に

なる). この例が示すとおり, 素のアインシュタイン方程式を出発点に適当に時間座標を選び, 時間発展を考えても, 系の時間発展を上手に追うことができる保証はない. そこで, 物理的な時間座標を確実に選び続けることのできる定式化が必要になるのだが, それを可能にしたのが 3+1 形式である.

### 2.3.1 空間的超曲面と 3 次元計量 (空間計量)

3+1 形式では, 4 次元計量 $g_{\mu\nu}$ そのものの時間発展を考えるのではなく, 空間的超曲面を導入し, その時間発展を考える. その際に時間発展させるのは, 空間的超曲面そのもの, およびそれに付随する 3 次元計量 $(\gamma_{ij})$ やその時間微分に関連する量である外的曲率 $(K_{ij})$ である. 以下ではまず, これらの量を定義し, その性質を述べる. なお本節でも以後, 光速度 $c$ を表に出すことを避けるため, 方程式を記述する際には $t$ の代わりに $x^0 = ct$ を時間を表す座標として採用する. よって, 4 次元計量およびこの後に定義する 3 次元計量, ラプス関数, シフトベクトルは, いずれも次元をもたない量になる.

まず, 4 次元計量 $g_{\mu\nu}$ から 3 次元計量 $\gamma_{\mu\nu}$ を次式によって定義する:

$$\gamma_{\mu\nu} := g_{\mu\nu} + n_\mu n_\nu. \tag{2.37}$$

ここで $n^\mu$ は, 時間座標 $t$ が一定の, ある 3 次元空間的超曲面 $\Sigma_t$ に直交する (つまり時間方向を向いた) 単位法線ベクトルを表す (図 2.2 参照). $n^\mu$ は規格化条件 $n_\mu n^\mu = -1$ を満たすので, 式 (2.37) によって定義された 3 次元計量は, $\gamma_{\mu\nu} n^\mu = 0$ を満足する空間的なテンソルであることがわかる.

さて, $n^\mu$ は空間的超曲面 $\Sigma_t$ に直交するので, $n_\mu = -\alpha \nabla_\mu x^0$ と表すことができる. 成分表示すれば $n_\mu = (-\alpha, 0, 0, 0)$ である. ここで $\alpha$ はラプス関数と呼ばれ, 各点における値を自由に選んでよい関数である. 時空多様体における空間的超曲面の配置は自由に選ぶことができるが, ラプス関数は, 隣接する 2 つの空間的超曲面間の時間的世界間隔を決める量と解釈される (図 2.2 参照). 空間的超曲面 (スライスとも呼ばれる) の時間的配置はスライス条件と呼ばれる条件で決まるが, これについては 2.5.1 項で述べる.

次に, 時間軸について考える. 一般相対論では座標が自由に選べるので,

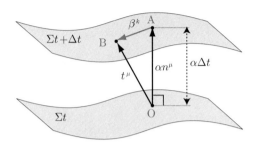

図 **2.2**　空間的超曲面 $\Sigma_t$, ラプス関数 $\alpha$, およびシフトベクトル $\beta^k$ の概念図. ラプ
ス関数は, $\Sigma_t$ の法線ベクトル $n^\mu$ に沿って時間座標が $\Delta t$ だけ離れた 2 つの
空間的超曲面, $\Sigma_t$ および $\Sigma_{t+\Delta t}$, の間の時間的世界間隔 $(\alpha \Delta t)$ を決める.
シフトベクトルは, 時間軸に沿った接ベクトル $t^\mu$ と $\alpha n^\mu$ の差を表す. なお
この図の例では, 点 O と B は同じ空間座標をもち, 点 O と A は $-\beta^k c\Delta t$ だ
け空間座標が異なる.

時間軸の方向も自由に選べる. ここで時間軸に沿った接ベクトルを $t^\mu$ としよ
う. これは時間成分 (ここでは $x^0$ 成分) が 1 のベクトルなので, $n_\mu t^\mu = -\alpha$
を満たす. すると $t^\mu$ は, 空間的なベクトル, $\beta^\mu$, を用いて, 次式で表される:

$$t^\mu = \alpha n^\mu + \beta^\mu. \tag{2.38}$$

$\beta^\mu$ はシフトベクトルと呼ばれ, $t^\mu$ で表される時間軸方向の, 空間的超曲面の
垂直方向 ($n^\mu$ の示す方向) からの空間的なずれ (シフト) を表す (図 2.2 参
照). 空間的なので, $\beta^\mu n_\mu = 0$ を満たす (したがって, $\beta^0 = 0$). 時間軸は
それが幾何学的に時間方向を向く限り, 自由に選ばれてよいが, $\Sigma_t$ が与えら
れて $n^\mu$ が定まったときに, 時間軸を具体的に決定するのがシフトベクトル
である.

　式 (2.38) を用いると, $n^\mu$ の時間および空間成分が次式で与えられる:

$$n^\mu = \left( \alpha^{-1}, \, -\alpha^{-1}\beta^i \right). \tag{2.39}$$

さらに, $g_{\mu\nu}$ と $g^{\mu\nu}$ の成分も以下のように求められる:

$$g_{\mu\nu} = \begin{pmatrix} -\alpha^2 + \beta^k\beta_k & \beta_j \\ \beta_i & \gamma_{ij} \end{pmatrix}, \tag{2.40}$$

$$g^{\mu\nu} = \begin{pmatrix} -\alpha^{-2} & \alpha^{-2}\beta^j \\ \alpha^{-2}\beta^i & \gamma^{ij} - \alpha^{-2}\beta^i\beta^j \end{pmatrix}. \tag{2.41}$$

ここで，$\gamma^{\mu\nu}n_\nu = 0$ なので，$\gamma^{0\mu} = 0$ だが，$\gamma_{0\mu}$ は $\beta^k \neq 0$ ならばゼロにならないことに気をつけよう．式 (2.40) に示されたように，10 成分からなる時空計量 $g_{\mu\nu}$ が，$\alpha$（1 成分），$\beta^i$（3 成分），$\gamma_{ij}$（6 成分）に分解された．すでに述べたように，$\alpha$ と $\beta^i$ は自由に選ぶことができる量である（$\alpha$ と $\beta^i$ の選択方法は数値相対論の核心部分なので，2.5 節で詳しく解説する）．したがって，3+1 形式の基本方程式によって決定されるべき量は，$\gamma_{ij}$ ということになる．

なお，式 (2.40) を用いると，微小距離離れた 2 点間の世界間隔は

$$ds^2 = -(\alpha dx^0)^2 + \gamma_{ij}(dx^i + \beta^i dx^0)(dx^j + \beta^j dx^0), \tag{2.42}$$

と書くことができる．$n^\mu$ に沿った曲線は $dx^i + \beta^i dx^0 = 0$ を満たすので，隣接する 2 つの空間的超曲面間の世界間隔が $\alpha dx^0$ であることがわかる．

### 2.3.2 空間的共変微分

3+1 形式では，$\alpha$，$\beta^i$，$\gamma_{ij}$ などを用いてアインシュタイン方程式を再定式化するのだが，共変的な定式化を得るには，$\gamma_{ij}$ に随伴した空間的な共変微分を定義する必要がある．これは，4 次元の共変微分を利用して，一般の空間的テンソルに対して以下のように定義される：

$$D_i T_{i_1 i_2 \cdots}{}^{j_1 j_2 \cdots} = \gamma_i{}^\mu \gamma_{i_1}{}^{k_1} \gamma_{i_2}{}^{k_2} \cdots \gamma^{j_1}{}_{l_1} \gamma^{j_2}{}_{l_2} \cdots \nabla_\mu T_{k_1 k_2 \cdots}{}^{l_1 l_2 \cdots}. \tag{2.43}$$

ここで，$D_i$ が空間的な共変微分を，$T_{i_1 i_2 i_3 \cdots}{}^{j_1 j_2 j_3 \cdots}$ が空間的テンソルを表す．このように定義された空間的共変微分を 3 次元計量 $\gamma_{ij}$ に作用させると，

$$\begin{aligned} D_i \gamma_{jk} &= \gamma_i{}^\mu \gamma_j{}^\nu \gamma_k{}^\alpha \nabla_\mu (g_{\nu\alpha} + n_\nu n_\alpha) \\ &= \gamma_i{}^\mu \gamma_j{}^\nu \gamma_k{}^\alpha (n_\nu \nabla_\mu n_\alpha + n_\alpha \nabla_\mu n_\nu) = 0, \end{aligned} \tag{2.44}$$

となり（$\nabla_\mu g_{\alpha\beta} = 0$，$\gamma_{\mu\nu}n^\nu = 0$ を用いた），確かに，$\gamma_{ij}$ に付随する共変微

分が満たすべき条件が満たされていることがわかる.

　共変微分が定義されれば, 4 次元の場合と同様に, 3 次元のクリストッフェル記号やリーマンテンソルが求まる. まずクリストッフェル記号は, $D_i \gamma_{jk} = 0$ から, 次式で与えられる:

$$\Gamma^i_{\ jk} = \frac{1}{2} \gamma^{il} \left( \partial_j \gamma_{kl} + \partial_k \gamma_{jl} - \partial_l \gamma_{jk} \right). \tag{2.45}$$

3 次元のリーマンテンソルは, 空間的ベクトル $\omega^i$ に対し,

$$R_{ijk}^{\ \ \ l} \omega_l = (D_i D_j - D_j D_i) \omega_k, \tag{2.46}$$

と定義されることから, 4 次元の場合と同様に, 以下のように求まる:

$$R_{ijk}^{\ \ \ l} = \partial_j \Gamma^l_{\ ik} - \partial_i \Gamma^l_{\ jk} + \Gamma^m_{\ ik} \Gamma^l_{\ jm} - \Gamma^m_{\ jk} \Gamma^l_{\ im}. \tag{2.47}$$

リッチテンソルも 4 次元の場合と同様に, $R_{ik} = R_{ijk}^{\ \ \ j}$ から求まる:

$$R_{ik} = \partial_j \Gamma^j_{\ ik} - \partial_i \Gamma^j_{\ jk} + \Gamma^m_{\ ik} \Gamma^j_{\ jm} - \Gamma^m_{\ jk} \Gamma^j_{\ im}. \tag{2.48}$$

### 2.3.3　外的曲率

　アインシュタイン方程式を 3+1 形式に書き換えるには, $\alpha$, $\beta^i$, $\gamma_{ij}$ に加えて, $\gamma_{ij}$ の時間微分に付随する量があると便利である. そこで, 外的曲率と呼ばれる以下の量を導入する:

$$K_{\mu\nu} := -\gamma_\mu^{\ \alpha} \nabla_\alpha n_\nu = -\nabla_\mu n_\nu - n_\mu a_\nu. \tag{2.49}$$

ここで $a_\nu$ は, $n^\mu$ の加速度とみなせる空間的ベクトルで, 次式で定義される:

$$a_\nu := n^\alpha \nabla_\alpha n_\nu. \tag{2.50}$$

なお $n_\mu n^\mu = -1$ から $a_\nu n^\nu = 0$ が導かれ, $a^\nu$ は空間的だと示される.

　$K_{\mu\nu} n^\mu = K_{\mu\nu} n^\nu = 0$ なので, $K_{ij}$ も空間的なテンソルである. また

$$K_{\mu\nu} - K_{\nu\mu} = -(\partial_\mu n_\nu - \partial_\nu n_\mu) - (n_\mu a_\nu - n_\nu a_\mu), \qquad (2.51)$$

かつ，$n_\mu (= -\alpha \nabla_\mu x^0)$ の空間成分がゼロであることから $(n_k = 0)$，外的曲率
は $K_{ij} = K_{ji}$ を満たす対称テンソルであることもわかる（なお $K_{0i} = K_{i0}$ に
ついても，後に記す式 (2.58) を用いれば直接示される）．

　さて，$K_{ij}$ を $\gamma_{ij}$ の時間微分と関係づけよう．それには，$K_{\mu\nu}$ が対称テン
ソルであることを利用して，以下の式変形を行う：

$$
\begin{aligned}
K_{\mu\nu} &= -\frac{1}{2}\left(\nabla_\mu n_\nu + \nabla_\nu n_\mu\right) - \frac{1}{2}\left(n_\mu n^\alpha \nabla_\alpha n_\nu + n_\nu n^\alpha \nabla_\alpha n_\mu\right) \\
&= -\frac{1}{2}\left(g_{\alpha\nu}\nabla_\mu n^\alpha + g_{\alpha\mu}\nabla_\nu n^\alpha\right) - \frac{1}{2}n^\alpha \nabla_\alpha(n_\mu n_\nu) \\
&= -\frac{1}{2}\left(\gamma_{\alpha\nu}\nabla_\mu n^\alpha + \gamma_{\alpha\mu}\nabla_\nu n^\alpha + n^\alpha \nabla_\alpha \gamma_{\mu\nu}\right).
\end{aligned}
\qquad (2.52)
$$

なお上の式変形では，$n_\mu n^\mu = -1$ と $\nabla_\alpha g_{\mu\nu} = 0$ を用いた．式 (2.52) の最後
の行を共変微分の定義に従い座標成分で表示すると，クリストッフェル記号
からなる項が打ち消しあう．その結果，

$$K_{\mu\nu} = -\frac{1}{2}\left(\gamma_{\alpha\nu}\partial_\mu n^\alpha + \gamma_{\alpha\mu}\partial_\nu n^\alpha + n^\alpha \partial_\alpha \gamma_{\mu\nu}\right), \qquad (2.53)$$

が得られる．さらに，$\gamma_{\mu\nu} n^\nu = 0$ を用いると次式に書き換えられる：

$$\alpha K_{\mu\nu} = -\frac{1}{2}\left[\gamma_{\beta\nu}\partial_\mu(\alpha n^\beta) + \gamma_{\beta\mu}\partial_\nu(\alpha n^\beta) + \alpha n^\beta \partial_\beta \gamma_{\mu\nu}\right]. \qquad (2.54)$$

ここで，$\alpha n^\beta = (1, -\beta^k)$ に注意して，式 (2.54) の空間成分を書き下すと，

$$\alpha K_{ij} = -\frac{1}{2}\left[-\gamma_{kj}\partial_i \beta^k - \gamma_{ki}\partial_j \beta^k + \partial_0 \gamma_{ij} - \beta^k \partial_k \gamma_{ij}\right], \qquad (2.55)$$

になるので，最終的に次式が得られる：

$$\partial_0 \gamma_{ij} = -2\alpha K_{ij} + D_i \beta_j + D_j \beta_i. \qquad (2.56)$$

このように，$K_{ij}$ の定義式は，$\gamma_{ij}$ の時間発展方程式に書き換えられる．

　外的曲率の幾何学的な意味について触れておこう．外的曲率と任意の空間

的なベクトル $\omega^i$ の内積を取ると，式 (2.49) から次式が得られる：

$$-\omega^\mu K_{\mu\nu} = \omega^\mu \nabla_\mu n_\nu. \tag{2.57}$$

右辺は，$\omega^\mu$ を接ベクトルとする空間的な曲線に沿った，$n_\nu$ の平行移動を表すが，これがゼロでないならば，平行移動の定義が示すとおり，与えられた 3 次元空間的超曲面が曲がっていることを意味する．つまり，$K_{\mu\nu}$ は時空多様体の中に埋め込まれた空間的超曲面の曲がり具合を表す量と解釈される．

先に進む前に，以下で何度も用いる式を導出しておこう．まず空間的ベクトル $a_k$ に対しては，$n_k = 0$ に注意して式 (2.50) を式変形していけば，

$$a_k = D_k \ln \alpha, \tag{2.58}$$

が得られる．そしてこれを式 (2.49) に代入すれば，次式が得られる：

$$\nabla_\mu n_\nu = -K_{\mu\nu} - n_\mu D_\nu \ln \alpha. \tag{2.59}$$

この式は，今後の式変形において多用される．

### 2.3.4　ガウス方程式とコダッチ方程式

ここまでは，3+1 形式で用いる変数と空間的な共変微分の定義を与えてきた．ここからは，アインシュタイン方程式を 3+1 形式に書き下す作業を行う．この過程において中心的な役割を果たすのが，ガウス (Gauss) 方程式とコダッチ (Codazzi) 方程式である．

まずガウス方程式を式 (2.46) から導く．そのために，式 (2.46) の右辺第 1 項を，空間的共変微分の定義式 (2.43) を用いて以下のように変形する：

$$\begin{aligned}
D_i D_j \omega_k &= \gamma_i{}^\mu \gamma_j{}^\nu \gamma_k{}^\sigma \nabla_\mu \left( \gamma_\nu{}^\alpha \gamma_\sigma{}^\beta \nabla_\alpha \omega_\beta \right) \\
&= \gamma_i{}^\mu \gamma_j{}^\alpha \gamma_k{}^\beta \nabla_\mu \nabla_\alpha \omega_\beta + \gamma_i{}^\mu \gamma_j{}^\alpha \gamma_k{}^\sigma \left( \nabla_\mu \gamma_\sigma{}^\beta \right) \left( \nabla_\alpha \omega_\beta \right) \\
&\quad + \gamma_i{}^\mu \gamma_j{}^\nu \gamma_k{}^\beta \left( \nabla_\mu \gamma_\nu{}^\alpha \right) \left( \nabla_\alpha \omega_\beta \right) \\
&= \gamma_i{}^\mu \gamma_j{}^\alpha \gamma_k{}^\beta \nabla_\mu \nabla_\alpha \omega_\beta - K_{ik} K_j{}^l \omega_l - n^\mu (\nabla_\mu \omega_\alpha) \gamma_k{}^\alpha K_{ij}.
\end{aligned} \tag{2.60}$$

なお，最終行を導出するにあたっては，式 (2.59) および以下の関係式を用いた：

$$\nabla_\alpha \gamma_\mu{}^\nu = \nabla_\alpha \left( g_\mu{}^\nu + n_\mu n^\nu \right) = n_\mu \nabla_\alpha n^\nu + n^\nu \nabla_\alpha n_\mu, \quad (2.61)$$

$$\gamma_i{}^\mu \gamma_k{}^\sigma \nabla_\mu \gamma_\sigma{}^\beta = \gamma_i{}^\mu \gamma_k{}^\sigma n^\beta \nabla_\mu n_\sigma = -n^\beta K_{ik}, \quad (2.62)$$

$$\gamma_j{}^\alpha n^\beta \nabla_\alpha \omega_\beta = -\gamma_j{}^\alpha \omega_\beta \nabla_\alpha n^\beta = \omega_\beta K_j{}^\beta. \quad (2.63)$$

式 (2.60) を用いると，式 (2.46) から次式が得られる：

$$R_{\alpha\beta\mu}{}^\chi \omega_\chi = (D_\alpha D_\beta - D_\beta D_\alpha)\omega_\mu$$

$$= \gamma_\alpha{}^\sigma \gamma_\beta{}^\lambda \gamma_\mu{}^\nu \left( \nabla_\sigma \nabla_\lambda - \nabla_\lambda \nabla_\sigma \right) \omega_\nu + \left( K_{\beta\mu} K_\alpha{}^\nu - K_{\alpha\mu} K_\beta{}^\nu \right) \omega_\nu$$

$$= \left( \gamma_\alpha{}^\sigma \gamma_\beta{}^\lambda \gamma_\mu{}^\nu \overset{(4)}{R}_{\sigma\lambda\nu}{}^\chi + K_{\beta\mu} K_\alpha{}^\chi - K_{\alpha\mu} K_\beta{}^\chi \right) \omega_\chi. \quad (2.64)$$

この式は任意の $\omega_\chi$ に対して成立するので，最終的に次式が得られる：

$$R_{ijkl} = \gamma_i{}^\alpha \gamma_j{}^\beta \gamma_k{}^\chi \gamma_l{}^\delta \overset{(4)}{R}_{\alpha\beta\chi\delta} + K_{il} K_{jk} - K_{ik} K_{jl}. \quad (2.65)$$

この式がガウス方程式である．4 次元リーマンテンソルの 3 次元空間的超曲面上への射影（右辺第 1 項）が，3 次元量で書けることが示されている．

コダッチ方程式を導出するには，以下の恒等式を利用すればよい：

$$\gamma_i{}^\alpha \gamma_j{}^\beta \gamma_\sigma{}^k (\nabla_\alpha \nabla_\beta - \nabla_\beta \nabla_\alpha) n^\sigma = -\gamma_i{}^\alpha \gamma_j{}^\beta \gamma_\sigma{}^k \overset{(4)}{R}_{\alpha\beta\mu}{}^\sigma n^\mu. \quad (2.66)$$

ここで式 (2.59) を用いると，

$$\gamma_i{}^\alpha \gamma_j{}^\beta \gamma_\sigma{}^k \nabla_\alpha \nabla_\beta n^\sigma = \gamma_i{}^\alpha \gamma_j{}^\beta \gamma_\sigma{}^k \nabla_\alpha \left( -K_\beta{}^\sigma - n_\beta a^\sigma \right)$$

$$= -D_i K_j{}^k - \gamma_i{}^\alpha \gamma_j{}^\beta a^k \nabla_\alpha n_\beta = -D_i K_j{}^k + a^k K_{ij}, \quad (2.67)$$

となるので，式 (2.66) は最終的に以下のコダッチ方程式に帰着する：

$$D_i K_{jk} - D_j K_{ik} = -\gamma_i{}^\alpha \gamma_j{}^\beta \gamma_k{}^\gamma \overset{(4)}{R}_{\alpha\beta\gamma\mu} n^\mu. \quad (2.68)$$

### 2.3.5　3+1 形式の発展方程式と拘束条件

　次にガウス方程式とコダッチ方程式を用いて，3+1 形式におけるアインシュタイン方程式の定式化を行う．その際に 2 種類の方程式が導出される．1 つは発展方程式と呼ばれ，もう 1 つが拘束条件と呼ばれる．

　2.2.1 項で示したように，アインシュタイン方程式は本質的には波動方程式である．したがって，3 次元計量 $\gamma_{ij}$ に対しても双曲型の方程式が導かれるはずだが，それが発展方程式である．双曲型の方程式なので，発展方程式には $\gamma_{ij}$ の時間 2 階微分，あるいは $K_{ij}$ の時間 1 階微分が現れる．一方，拘束条件は双曲型の方程式にはならない．つまり，$\gamma_{ij}$ の時間 2 階微分や $K_{ij}$ の時間微分が含まれない．したがって，系の時間発展を記述する式ではなく，各時間一定の空間的超曲面で満たされるべき条件式になる．

　発展方程式と拘束条件の両方が現れる点は，マクスウェル方程式とよく似ている．マクスウェル方程式では，電場に対するガウスの法則と磁束保存条件（式 (2.93) と (2.94) 参照）が拘束条件に対応し，アンペール・マクスウェルの法則とファラデーの法則（式 (2.91) と (2.92) 参照）が電磁場の発展方程式をなすが，アインシュタイン方程式の 3+1 形式もこれとよく似た構造をもつ．電磁気理論と一般相対論の類似性については，2.3.6 項でもう一度触れる．

　先に進む前に，準備として，エネルギー運動量テンソルを以下のように 3+1 分解しておく：

$$T_{\mu\nu} = \rho_{\mathrm{h}} n_\mu n_\nu + J_\mu n_\nu + J_\nu n_\mu + S_{\mu\nu}. \tag{2.69}$$

ここで

$$\rho_{\mathrm{h}} := T_{\mu\nu} n^\mu n^\nu, \quad J_i := -T_{\mu\nu} n^\nu \gamma^\mu_{\ i}, \quad S_{ij} := T_{\mu\nu} \gamma^\mu_{\ i} \gamma^\nu_{\ j}, \tag{2.70}$$

である．$\rho_{\mathrm{h}}$，$J_i$，$S_{ij}$ はそれぞれ，$n^\mu$ に沿った観測者から見たエネルギー密度，運動量密度，ストレステンソルを表す．なお，これらは観測者に依存する量であって不変的な量ではない．例えば，$u^\mu$ に沿った観測者から見た場合，$T_{\mu\nu} u^\mu u^\nu$ はやはり「エネルギー密度」と呼ばれるが，$\rho_{\mathrm{h}}$ とは異なる量である．

さて，まずはガウス方程式 (2.65) から 1 つ目の拘束条件であるハミルトニアン拘束条件を導出しよう．これは，ガウス方程式の縮約を 2 度取ることにより得られる．まず式 (2.65) に $\gamma^{jl}$ を作用させると，次式が得られる：

$$
\begin{aligned}
R_{ik} &= \gamma_i{}^\alpha \gamma^{\beta\delta} \gamma_k{}^\chi \overset{(4)}{R}_{\alpha\beta\chi\delta} + K_{ij} K_k{}^j - K_{ik} K \\
&= \gamma_i{}^\alpha \gamma_k{}^\chi \left( \overset{(4)}{R}_{\alpha\chi} + \overset{(4)}{R}_{\alpha\beta\chi\delta} n^\beta n^\delta \right) + K_{ij} K_k{}^j - K_{ik} K .
\end{aligned} \quad (2.71)
$$

ここで，$K := K_j{}^j$ を定義した．さらにもう一度縮約を取ると，

$$
\begin{aligned}
R_k{}^k &= \overset{(4)}{R}_\alpha{}^\alpha + 2 \overset{(4)}{R}_{\alpha\beta} n^\alpha n^\beta + K_{ij} K^{ij} - K^2 \\
&= 2 G_{\alpha\beta} n^\alpha n^\beta + K_{ij} K^{ij} - K^2 ,
\end{aligned} \quad (2.72)
$$

が得られる．なお，2 行目の式を導出する際に，アインシュタインテンソルの定義式 (2.2) を用いた．さらに $G_{\alpha\beta}$ に対してアインシュタイン方程式 (2.1) を用いると，最終的に，以下のハミルトニアン拘束条件が導出される：

$$
R_k{}^k - K_{ij} K^{ij} + K^2 = 16\pi \frac{G}{c^4} \rho_{\mathrm{h}} . \quad (2.73)
$$

この小節の最初に述べたように，導出された式には $\gamma_{ij}$ の時間 2 階微分や $K_{ij}$ の時間微分が含まれない．したがって，拘束条件であることがわかる．

2 つ目の拘束条件はコダッチ方程式 (2.68) から導かれる．この方程式に $\gamma^{ik}$ を作用させ，リーマンテンソルの反対称性に注意すると，次式が得られる：

$$
D_i K_j{}^i - D_j K = -\gamma_j{}^\mu \left( g^{\alpha\beta} + n^\alpha n^\beta \right) \overset{(4)}{R}_{\alpha\mu\beta\nu} n^\nu = -\gamma_j{}^\mu \overset{(4)}{R}_{\mu\nu} n^\nu . \quad (2.74)
$$

さらにアインシュタイン方程式 (2.1) を用いて右辺を書き換えると，

$$
D_i K_j{}^i - D_j K = 8\pi \frac{G}{c^4} J_j , \quad (2.75)
$$

が得られ，これが運動量拘束条件と呼ばれる．この式にも $\gamma_{ij}$ の時間 2 階微分や $K_{ij}$ の時間微分が含まれておらず，拘束条件であることがわかる．

次に発展方程式の導出に移る．これは式 (2.71) から導かれる．この方程式には以下の項

$$\gamma_i{}^\alpha \gamma_k{}^\chi \overset{(4)}{R}_{\alpha\beta\chi\delta} n^\beta n^\delta, \tag{2.76}$$

が含まれているが，この項が $K_{ik}$ の時間 1 階微分を含んでいるからである．このことを示すには，以下の恒等式を利用するとよい：

$$\overset{(4)}{R}_{\alpha\beta\chi}{}^\delta n_\delta = (\nabla_\alpha \nabla_\beta - \nabla_\beta \nabla_\alpha) n_\chi. \tag{2.77}$$

式 (2.59) を用いると，上式の右辺第 1 項は，以下のように書き換えられる：

$$\begin{aligned}
\nabla_\alpha \nabla_\beta n_\chi &= -\nabla_\alpha (K_{\beta\chi} + n_\beta D_\chi \ln \alpha) \\
&= -\nabla_\alpha K_{\beta\chi} + (K_{\alpha\beta} + n_\alpha D_\beta \ln \alpha) D_\chi \ln \alpha - n_\beta \nabla_\alpha D_\chi \ln \alpha.
\end{aligned} \tag{2.78}$$

したがって，式 (2.76) は，次式に書き換えられる：

$$\gamma_i{}^\alpha \gamma_k{}^\chi \overset{(4)}{R}_{\alpha\beta\chi\delta} n^\beta n^\delta = \gamma_i{}^\alpha \gamma_k{}^\chi n^\beta \left( -\nabla_\alpha K_{\beta\chi} + \nabla_\beta K_{\alpha\chi} \right) + \frac{1}{\alpha} D_i D_k \alpha. \tag{2.79}$$

ここで，$K_{\chi\beta} n^\beta = 0$ と式 (2.59) を用いると，式 (2.79) の右辺第 1 項は，

$$-\gamma_i{}^\alpha \gamma_k{}^\chi n^\beta \nabla_\alpha K_{\beta\chi} = \gamma_i{}^\alpha K_{k\beta} \nabla_\alpha n^\beta = -K_{jk} K_i{}^j \tag{2.80}$$

に帰着する．さらに，以下の 2 つの関係式が成り立つことを利用する：

$$\begin{aligned}
\gamma_i{}^\alpha \gamma_j{}^\beta &\left( n^\mu \nabla_\mu K_{\alpha\beta} + K_{\alpha\mu} \nabla_\beta n^\mu + K_{\mu\beta} \nabla_\alpha n^\mu \right) \\
&= \frac{1}{\alpha} \left( \partial_0 K_{ij} - \beta^k D_k K_{ij} - K_{ik} D_j \beta^k - K_{kj} D_i \beta^k \right),
\end{aligned} \tag{2.81}$$

$$\gamma_i{}^\alpha \gamma_j{}^\beta \left( K_{\alpha\mu} \nabla_\beta n^\mu + K_{\mu\beta} \nabla_\alpha n^\mu \right) = -2 K_{ik} K_j{}^k. \tag{2.82}$$

すると式 (2.79) は，次式に帰着する：

$$\gamma_i{}^\alpha \gamma_k{}^\beta \overset{(4)}{R}_{\alpha\mu\beta\nu} n^\mu n^\nu = \frac{1}{\alpha} \left( \partial_0 K_{ik} - \beta^j D_j K_{ik} - K_{ij} D_k \beta^j - K_{jk} D_i \beta^j \right)$$
$$+ K_{ij} K_k{}^j + \frac{1}{\alpha} D_i D_k \alpha. \tag{2.83}$$

したがって，式 (2.71) は次の形の発展方程式に書き換えられる：

$$\partial_0 K_{ik} = \alpha R_{ik} - \alpha \gamma_i{}^\mu \gamma_k{}^\nu \overset{(4)}{R}_{\mu\nu} - 2\alpha K_{ij} K_k{}^j + \alpha K K_{ik} - D_i D_k \alpha$$
$$+ \beta^j D_j K_{ik} + K_{ij} D_k \beta^j + K_{kj} D_i \beta^j. \tag{2.84}$$

ここで，$\overset{(4)}{R}_{\mu\nu}$ に対してアインシュタイン方程式を用いると

$$\gamma_i{}^\mu \gamma_k{}^\nu \overset{(4)}{R}_{\mu\nu} = 8\pi \frac{G}{c^4} \gamma_i{}^\mu \gamma_k{}^\nu \left( T_{\mu\nu} - \frac{1}{2} g_{\mu\nu} T_\alpha{}^\alpha \right)$$
$$= 8\pi \frac{G}{c^4} \left( S_{ik} - \frac{1}{2} \gamma_{ik} T_\alpha{}^\alpha \right), \tag{2.85}$$

なので，最終的に $K_{ik}$ に対する発展方程式が以下の形に得られる：

$$\partial_0 K_{ik} = \alpha R_{ik} - D_i D_k \alpha - 8\pi \frac{G}{c^4} \alpha \left[ S_{ik} - \frac{1}{2} \gamma_{ik} (S_j{}^j - \rho_{\mathrm{h}}) \right]$$
$$+ \alpha \left( -2 K_{ij} K_k{}^j + K K_{ik} \right) + \beta^j D_j K_{ik} + K_{ij} D_k \beta^j + K_{kj} D_i \beta^j. \tag{2.86}$$

なお上の式では，$T_\alpha{}^\alpha = S_j{}^j - \rho_{\mathrm{h}}$ が成り立つことを用いた．

　以上をまとめると，この節では 3 つの式を導出した：ハミルトニアン拘束条件 (2.73)，運動量拘束条件 (2.75)，および発展方程式 (2.86) である．これらは，アインシュタイン方程式に，それぞれ，$n^\mu n^\nu$, $n^\mu \gamma^\nu{}_j$, $\gamma^\mu{}_i \gamma^\nu{}_k$ を作用させたものと等価である．それぞれ 1, 3, 6 成分をもつ方程式だが，合計 10 成分なのでアインシュタイン方程式の全成分数と一致する．なお，式 (2.56) と (2.86) は，それぞれ，$\gamma_{ij}$ と $K_{ij}$ の時間発展を記述する式であり，これらさえ解けば系を時間発展させることはできる．よって時間発展だけを目的とする場合には，拘束条件は余分な式と言えなくもない．

　数値相対論では，$\gamma_{ij}$ と $K_{ij}$ の発展方程式をしばしば以下の形に書く：

$$(\partial_0 - \beta^k \partial_k)\gamma_{ij} = -2\alpha K_{ij} + \gamma_{ik}\partial_j\beta^k + \gamma_{jk}\partial_i\beta^k, \tag{2.87}$$

$$(\partial_0 - \beta^k \partial_k)K_{ij} = \alpha R_{ij} - D_i D_j \alpha - 8\pi \frac{G}{c^4}\alpha \left[ S_{ij} - \frac{1}{2}\gamma_{ij}\left(S_k{}^k - \rho_{\mathrm{h}}\right)\right]$$
$$+ \alpha\left(-2K_{ik}K_j{}^k + K K_{ij}\right) + K_{ik}\partial_j\beta^k + K_{jk}\partial_i\beta^k. \tag{2.88}$$

また，2.4 節で明らかになるのだが，数値相対論では，上の 2 つの式に $\gamma^{ij}$ を作用させた方程式をしばしば扱う．そこでそれらも記しておこう：

$$(\partial_0 - \beta^k \partial_k)\sqrt{\gamma} = \sqrt{\gamma}\left(-\alpha K + \partial_k\beta^k\right), \tag{2.89}$$

$$(\partial_0 - \beta^k \partial_k)K = \alpha R_k{}^k - D_i D^i \alpha + 4\pi\frac{G}{c^4}\alpha\left(S_k{}^k - 3\rho_{\mathrm{h}}\right) + \alpha K^2$$
$$= -D_i D^i \alpha + 4\pi\frac{G}{c^4}\alpha\left(S_k{}^k + \rho_{\mathrm{h}}\right) + \alpha K_{ij}K^{ij}. \tag{2.90}$$

ここで，$\gamma = \det(\gamma_{ij})$ および $\gamma^{ij}\partial_\mu\gamma_{ij} = \partial_\mu\ln\gamma$ である．また，$\gamma^{ij}\partial_\mu K_{ij} = \partial_\mu K - K_{ij}\partial_\mu\gamma^{ij} = \partial_\mu K + K^{ij}\partial_\mu\gamma_{ij}$ と式変形できることに気をつけよう．なお，式 (2.90) の 2 行目を導出するのにハミルトニアン拘束条件を用いたが，この置き換えは，数値計算を安定に実行するのに必要になる（2.4 節参照）．

　この小節を終えるにあたり，3 次元計量のもつダイナミカルな自由度の数について触れておこう．空間的な対称テンソルである $\gamma_{ij}$ と $K_{ij}$ には，合計で 12 自由度が存在する．しかし，拘束条件が 4 成分存在するので，4 自由度はこれによって制限される．これに加えて，一般相対論には 4 つの時間・空間座標変換自由度が存在する．したがって残される自由度は，$12 - 4 - 4 = 4$ である．つまりダイナミカルな自由度は，$\gamma_{ij}$ と $K_{ij}$ それぞれに対して 2 成分ずつである．一般相対論では，これが重力波の自由度に対応する．

## 2.3.6　拘束条件の発展方程式

　発展方程式と拘束条件の両方が存在するよく知られた例は，電磁気学のマクスウェル方程式である．そこで，まずはこれについて復習しよう．

　$E^i$ と $B^i$ を電場と磁場とし，ガウス単位系を用いると，平坦時空におけるマクスウェル方程式は以下の 4 つの式で表される：

$$\frac{\partial E^i}{\partial x^0} = \epsilon^{ijk} D_j B_k - 4\pi j^i, \tag{2.91}$$

$$\frac{\partial B^i}{\partial x^0} = -\epsilon^{ijk} D_j E_k, \tag{2.92}$$

$$D_i E^i = 4\pi \rho_e, \tag{2.93}$$

$$D_i B^i = 0. \tag{2.94}$$

ここで $\epsilon_{ijk}$ は空間的な完全反対称テンソルであり，$\epsilon^{ijk} D_j B_k$ は rot$B$ の $i$ 成分を表す（$E^i$ に対しても同様）．平坦な時空を想定しているので，正規直交座標を用いるのであれば $D_i$ を $\partial_i$ に置き換えてもよいが，曲線座標系を用いる場合には共変微分で記述したほうが便利である．なお，式 (2.91) と (2.93) に現れる $j^i$ と $\rho_e$ は電流密度と電荷密度を表し，以下の電荷保存則を満足する：

$$\frac{\partial \rho_e}{\partial x^0} + D_i j^i = 0. \tag{2.95}$$

マクスウェル方程式では，式 (2.91) と (2.92) が発展方程式に，式 (2.93) と (2.94) が拘束条件になっている．さてここで，以下の点を疑問に思っていただきたい：発展方程式は電場と磁場の発展を記述しているのだから，これらさえ解けば，$E^i$ と $B^i$ の時間発展は記述できてしまう．よって拘束条件は，初期条件を与えるとき以外には，必要なさそうに見える．そもそも発展方程式を解いて得られた $E^i$ と $B^i$ は，拘束条件を満たしているのだろうか？ 答えはイエスである．それを示すには，発展方程式に $D_i$ を作用させ，以下の式を得た後に

$$\frac{\partial (D_i E^i)}{\partial x^0} = -4\pi D_i j^i, \tag{2.96}$$

$$\frac{\partial (D_i B^i)}{\partial x^0} = 0, \tag{2.97}$$

最初の式の右辺に式 (2.95) を用いて，以下の形に式変形すればよい：

$$\frac{\partial}{\partial x^0}(D_i E^i - 4\pi \rho_e) = 0. \tag{2.98}$$

つまり，式 (2.98) と (2.97) は，それぞれ拘束条件式 (2.93) と (2.94) の発展方

程式になっている．したがって，拘束条件が初期に満たされるならば，その後の時間発展を発展方程式 (2.91), (2.91), および式 (2.95) を用いて正確に実行する限り，拘束条件は常に満たされるのだ．

　これと同様の関係が，3+1 形式の一般相対論でも成り立つ．この小節では以後，これについて説明しよう．まずは，次式で新たなテンソルを定義する：

$$A_{\mu\nu} := G_{\mu\nu} - 8\pi \frac{G}{c^4} T_{\mu\nu}. \tag{2.99}$$

そしてさらに，$A_{\mu\nu}$ を以下のように 3+1 形式に書き改める：

$$A_{\mu\nu} = H_0 n_\mu n_\nu + H_\mu n_\nu + H_\nu n_\mu + H_{\mu\nu}. \tag{2.100}$$

ここで，$H_0$，$H_\mu$，$H_{\mu\nu}$ は，それぞれ次のように定義された：

$$H_0 := A_{\mu\nu} n^\mu n^\nu, \quad H_\mu := -A_{\alpha\nu} n^\nu \gamma^\alpha_\mu, \quad H_{\mu\nu} := A_{\alpha\beta} \gamma^\alpha_\mu \gamma^\beta_\nu. \tag{2.101}$$

定義からわかるように，$H_\mu$，$H_{\mu\nu}$ はそれぞれ，空間的ベクトル，空間的テンソルである．この記載法では，アインシュタイン方程式が $A_{\mu\nu} = 0$ であり，ハミルトニアン拘束条件と運動量拘束条件がそれぞれ，$H_0 = 0$，$H_i = 0$，また発展方程式が $H_{ij} = 0$ になる．以下では，初期条件において $H_0 = 0$，$H_i = 0$ が満たされれば，その後発展方程式 $H_{ij} = 0$ および物質場の運動方程式 (2.8) が満たされる限り，$H_0 = 0$，$H_i = 0$ が常に保証されることを示す．

　恒等式 (2.7) が存在し，かつ式 (2.8) が満たされることを仮定したので，まず $\nabla_\mu A^\mu_\nu = 0$ が得られる．そこでこの式に式 (2.100) を代入し，少々の計算を実行する．すると，$H_0$ と $H_i$ に対する発展方程式が以下の形に得られる：

$$\partial_0 H_0 = \beta^k D_k H_0 + \alpha K H_0 - 2H^k D_k \alpha - \alpha D_k H^k + \alpha H_{ij} K^{ij}, \tag{2.102}$$

$$\partial_0 H_i = -H_0 D_i \alpha + \alpha K H_i + \beta^k D_k H_i + H_k D_i \beta^k - D_k \left( \alpha H^k_i \right). \tag{2.103}$$

式 (2.102), (2.103) からわかるとおり，ある時刻に $H_0 = 0$，$H_i = 0$ が満た

され，かつ発展方程式 $H_{ij} = 0$ が満たされるのであれば，$\partial_0 H_0$ と $\partial_0 H_i$ はゼロである．したがって，次の時間ステップでも，$H_0 = 0$，$H_i = 0$ が満足されることが示される．このように，一般相対論の 3+1 形式でも，時間発展の最初に拘束条件が満たされ，かつ発展方程式（$H_{ij} = 0$ および $\nabla_\mu T^\mu{}_\nu = 0$）が満足され続ければ，拘束条件が常に満たされることが保証されている．

以上をまとめると，一般相対論の 3+1 形式では発展方程式と拘束条件が存在するが，発展方程式を正確に解けば，拘束条件は常に満足させられる．したがって，拘束条件は初期条件を設定する際にのみ満足させればよく，系の時間発展を調べるには発展方程式だけを解けばよい．そこで数値相対論でも，通常は，発展方程式のみを解くことによって，系を時間発展させる．

## 2.4 BSSN 形式

前節で紹介した 3+1 形式は，3 次元空間的超曲面を時間方向に発展させる形式，という実に明快な意味をもつが，残念ながら，数値相対論でそのまま用いるには適切な定式化になっていない．その理由は，発展方程式に強い双曲性が保証されていないためなのだが，まずは，このことを少し噛み砕いて説明しよう．

2.2.1 項で述べたように，アインシュタイン方程式は波動方程式（双曲型方程式）の形に定式化されうる．したがって，3+1 形式の発展方程式も波動方程式とみなせるはずである．このことを確認するために，2.2.2 項にならい，3+1 形式の線形近似を考える．また簡単のため，真空の場合を考える．ここで線形近似とは，2.2.2 項で述べたように，平坦時空からわずかに揺らいだ時空を考えることに対応する．以下では簡単のため，$(x^0, x, y, z)$ を座標に用いる．すると，平坦な時空に対しては，$\alpha = 1$，$\beta^i = 0$，$\gamma_{ij} = \delta_{ij}$ なので，線形近似では $\alpha$，$\beta^i$，$\gamma_{ij}$ が以下の形で表される：

$$\alpha = 1 + A, \quad \beta^i = B^i, \quad \gamma_{ij} = \delta_{ij} + h_{ij}. \tag{2.104}$$

ここで，$A$，$B^i$，$h_{ij}$ はすべて微小量である．また式 (2.87) から

$$K_{ij} = -\frac{1}{2}\left(\dot{h}_{ij} - B_{i,j} - B_{j,i}\right), \qquad (2.105)$$

が得られる．ここで $\dot{h} = \partial h/\partial x^0$ で，", $j$" は空間座標による偏微分を表す．これらの準備のもとで，発展方程式 (2.88) の線形近似を考える．すると，

$$\dot{K}_{ij} = \frac{1}{2}\delta^{kl}\left(-h_{ij,kl} - h_{kl,ij} + h_{ik,jl} + h_{jk,il}\right) - A_{,ij}, \qquad (2.106)$$

が得られる．この式と式 (2.105) を組み合わせると，最終的に，$h_{ij}$ に対して，真空の波動方程式 (2.21) に似た式が，以下の形に得られる：

$$\ddot{h}_{ij} = \delta^{kl}\left(h_{ij,kl} + h_{kl,ij} - h_{ik,jl} - h_{jk,il}\right) + 2A_{,ij} + \dot{B}_{i,j} + \dot{B}_{j,i}. \qquad (2.107)$$

ここで右辺の最初の項，$\delta^{kl}h_{ij,kl}$，は $h_{ij}$ のラプラシアンなので，この項だけが存在するならば，式 (2.107) は $h_{ij}$ の波動方程式になる．このような場合には，強い双曲性が保証されることになる．しかし式 (2.107) には，他にも $h_{ij}$ に依存する項が存在する．これらの項が，強い双曲性を壊してしまうのだ．つまり，これらが存在すると，波動的ではない（非物理的な）解の存在が数値計算では排除されなくなるのである．

　問題をさらに詳しく述べよう．$h_{ij}$ は 6 成分をもつテンソルだが，2.2.3 項で述べたように，重力波の自由度は 2 つだけである．つまり，物理的に波動方程式に従うべき成分は 2 つしかない．では他の 4 成分はどのような性質をもつのかと言えば，スカラー的（スカラー量 $\mathcal{S}$ に対し，$\mathcal{S}_{,ij}$ または，$\delta_{ij}\mathcal{S}$ の形に書ける）あるいはベクトル的（ベクトル量 $\mathcal{V}^i$ に対し，$\mathcal{V}_{i,j} + \mathcal{V}_{j,i}$ の形に書ける）性質である．後の例で見るように，これらは座標変換で消し去ることができる成分だから，物理的に本質的な成分ではない．しかし，数値計算ではこれらが問題を起こしうる．

　その理由を探るために，式 (2.107) を注意深く観察しよう．すると，この式の右辺第 3, 4 項は，$f_i := \delta^{kl}h_{ik,l}$ の微分で書かれることがわかる．ここで，$f_i$ は横波成分の重力波に対してはゼロになるべき量なので，本来は波動解と

無関係な項のはずである．また右辺第2項に見られる $\delta^{kl}h_{kl}$ も，トレースゼロの性質をもつ重力波に対してはゼロになるべき量なので，やはり波動解とは無関係なはずである．したがって，重力波だけに注目する場合には，これらが問題を起こすようには見えない．しかし，数値計算には数値誤差が付きものである．したがって重力波だけを扱いたくても，つまり，波動方程式を構成する式 (2.107) の右辺第1項だけに注目したくても，他の項が数値誤差を介して影響を与える．すると，解の波動性が壊れてしまうのだ．これが，強い双曲性が保証されないことになる理由である．より具体的に式 (2.107) の場合には，波動性が壊れる結果，重力波とは無関係の非物理的成分が，わずかな誤差を起源として成長してしまう．その結果，重力波（つまり物理的成分）が誤差に覆い隠されてしまうことになる．数値誤差が皆無であれば，このような問題は起きないのだが，数値計算ではそれを実現するのは不可能なため，この問題が必ず起きてしまうのだ．なお，この現象は，数値計算で容易に確かめることができるので，興味があれば試してみることを奨める．

　数値誤差は計算の精度に依存するが（第3章参照），強い双曲性が保証されない場合，上で述べた現象のせいで，精度を上げても誤差は小さくならない．よって，正しい解を推測することができない．一方，強い双曲性が保証された方程式を解けば，精度の向上とともに誤差は小さくなる．よって，正しい解を推測することが可能になる．したがって，強い双曲性が保証された定式化を採用することが，数値相対論を成功させるための必要条件になる．

　3+1 形式のこの問題を解決する1つの手段は，上手に $\alpha$ と $\beta^i$ を選ぶことである．すでに述べたように，この2つの変数は自由に選べるので，これらが式 (2.107) の右辺第2〜4項と打ち消しあうような条件を選べばよい．2.2.1 項で紹介したハーモニックゲージ条件は，実は，これが実現される条件になっている．線形近似におけるハーモニック条件は，時間，空間成分それぞれに対し

$$\dot{A} = \frac{1}{2}\left(\dot{h} - 2\delta^{ij}B_{i,j}\right), \qquad \dot{B}^i = h^{ik}{}_{,k} - \delta^{ik}A_{,k} - \frac{1}{2}\delta^{ik}h_{,k}, \quad (2.108)$$

と書くことができる．ここで，線形近似では $h^{ik} = -\delta^{ij}\delta^{jl}h_{jl} = -h_{ik}$，また $h := \delta^{kl}h_{kl}$ である．式 (2.108) を代入すると，式 (2.107) は単純な波動方程

式，$\Box h_{ij} = 0$，に帰着することが確認される [1].

しかし，上で述べた性質は特殊なゲージ条件のもとでのみ成り立つものであり，一般のゲージ条件では，$h_{ij}$ に対し，このような方程式は得られない．そのため，3+1 形式を変更なしに採用すると，一般的には誤差の小さい解を得るのが困難になる．そこで考案されたのが，BSSN (Baumgarte-Shapiro-Shibata-Nakamura) 形式である．ここで日本人の名誉のために強調しておくと，この形式は中村卓史氏により最初に考案され，その後筆者，次に Baumgarte と Shapiro が修正を加え確立した（つまり，貢献度は NSBS の順になる）．以下では柴田・中村の形式に則って，BSSN 形式の本質について述べる．

BSSN 形式の思想は，3 次元計量（線形近似なら $h_{ij}$）に対する発展方程式が波動方程式になるように，3+1 形式の基本方程式を書き換えることにある．そのために新たな補助変数をいくつか導入する．式 (2.107) の中で元凶になる項は，$f_i (= \delta^{kl} h_{ik,l})$ と $h (= \delta^{kl} h_{kl})$ に依存する項だったが，3+1 形式でも同様の項が存在する．そこでそれらを，$\gamma_{ij}$ とは形式的には独立な補助変数で置き換えるのだ．

問題の項はそれぞれ，ベクトル的，スカラー的な量なので，それらを書き換えるために，以下のベクトル的およびスカラー的補助変数を定義する：

$$F_i := \delta^{kl} \tilde{\gamma}_{ik,l}, \tag{2.109}$$

$$\psi := \gamma^{1/12}. \tag{2.110}$$

ここで $\tilde{\gamma}_{ij}$ は，

$$\tilde{\gamma}_{ij} := \gamma^{-1/3} \gamma_{ij} \tag{2.111}$$

を表し，

$$\det(\tilde{\gamma}_{ij}) = 1 \tag{2.112}$$

になるように定義されたテンソルである．線形近似ではそれぞれ，

---

[1] この性質を用いた数値相対論の定式化は，ハーモニック条件に基づく定式化と呼ばれ，BSSN 形式以外のもう 1 つの有力な数値相対論の定式化だが，本書では触れない．

$$F_i = f_i, \quad \psi = 1 + \frac{h}{12}, \tag{2.113}$$

なので，まさに問題になる項を反映している．なお，以下では，$\gamma_{ij}$ の場合と同様に，$\tilde{\gamma}_{ij}$ に付随した共変微分，クリストッフェル記号をそれぞれ，$\tilde{D}_i$ と $\tilde{\Gamma}^k_{ij}$ と表す．また以後，"~" のつく量の添字の上げ下げは，$\tilde{\gamma}_{ij}$, $\tilde{\gamma}^{ij}$ を用いて行うことをルールとする．

3+1 形式では $\gamma_{ij}$ の 6 成分しか存在しなかったのに対し，BSSN 形式では $F_i$, $\psi$, $\tilde{\gamma}_{ij}$ を新たに定義し，形式上，独立変数を増やした．そしてこれらに対して，新たな発展方程式を導く．その際，式 (2.109), (2.112) は新たな拘束条件とみなされる．なお，$\psi$ に対して発展方程式を導くにあたり，共役な量として，$K$ も形式上の独立変数として導入する．またそれに伴い，

$$\tilde{A}_{ij} := \psi^{-4}\left(K_{ij} - \frac{1}{3}\gamma_{ij}K\right) \tag{2.114}$$

を定義し，$K_{ij}$ の代わりに，$\tilde{A}_{ij}$ と $K$ を独立変数とみなす．それに応じて，

$$\tilde{\gamma}^{ij}\tilde{A}_{ij} = 0 \tag{2.115}$$

が新たな拘束条件になる．したがって，3+1 形式では $\gamma_{ij}$, $K_{ij}$ の合計 12 成分のみが時間発展させる量だったが，BSSN 形式では 5 成分増え，その分，発展方程式と拘束条件の数が増える（表 2.1 参照）．なお新たな拘束条件は，式 (2.109), (2.112), (2.115) であるが，これらは 17 成分に対する発展方程式を正確に解けば破れることはない．

次に新たな発展方程式を構築する必要があるが，$\psi\,(=\gamma^{1/12})$ と $K$ に対しては式 (2.89) と (2.90) をそのまま用いればよい．$\tilde{\gamma}_{ij}$ と $\tilde{A}_{ij}$ に対しても，式 (2.87) と (2.88) を，式 (2.89) と (2.90) を用いて書き換えれば，容易に発展方程式が得られる．問題は $F_i$ に対する発展方程式だが，これに対して運動量拘

**表 2.1** 3+1 形式と BSSN 形式の基本変数，および基本方程式の成分数．

| 3+1 形式 | $\gamma_{ij}$, $K_{ij}$ | 発展方程式 12 成分 | 拘束条件 4 成分 |
|---|---|---|---|
| BSSN 形式 | $\tilde{\gamma}_{ij}$, $W$, $\tilde{A}_{ij}$, $K$, $F_i$ or $\tilde{\Gamma}^i$ | 発展方程式 17 成分 | 拘束条件 9 成分 |

束条件を用いるところが，BSSN 形式の本質的な点である．以下では，これについて詳しく述べる．

まず，$\tilde{\gamma}_{ij}$ に対する発展方程式を，次の形に書く：

$$(\partial_0 - \beta^k \partial_k)\tilde{\gamma}_{ij} = -2\alpha \tilde{A}_{ij} + \tilde{\gamma}_{ik}\partial_j \beta^k + \tilde{\gamma}_{jk}\partial_i \beta^k - \frac{2}{3}\tilde{\gamma}_{ij}\partial_k \beta^k. \quad (2.116)$$

これに $\delta^{jl}\partial_l$ を作用させると，$F_i$ に対する発展方程式が形式上得られる：

$$
\begin{aligned}
(\partial_0 - \beta^k \partial_k)F_i &= \delta^{jl}(\partial_l \beta^k)\tilde{\gamma}_{ij,k} - 2\delta^{jl}\alpha_{,l}\tilde{A}_{ij} - 2\alpha\delta^{jl}\tilde{A}_{ij,l} \\
&+ \delta^{jl}\partial_l\left(\tilde{\gamma}_{ik}\partial_j \beta^k + \tilde{\gamma}_{jk}\partial_i \beta^k - \frac{2}{3}\tilde{\gamma}_{ij}\partial_k \beta^k\right). (2.117)
\end{aligned}
$$

しかし，これは式 (2.116) と独立な方程式とは言えない．なぜならば，式 (2.117) を用いて $F_i$ を時間発展させたものと，式 (2.116) を時間発展させて得られる $\tilde{\gamma}_{ij}$ から $F_i$ を求めたものは数値的にさえ同じだからである．したがって，式 (2.117) を解いたとしても，強い双曲性が保たれない問題は解決されない．よって，式 (2.117) をさらに書き換える必要がある．

その際に注目すべきは，式 (2.117) の右辺第 3 項に $\delta^{jl}\tilde{A}_{ij,l}$ が含まれる点である．この項が運動量拘束条件 (2.75) にも含まれるからである．式 (2.75) が以下のように書き換えられることに注意し，

$$\psi^{-6}\tilde{D}_j\left(\psi^6 \tilde{A}_i{}^j\right) - \frac{2}{3}\tilde{D}_i K = 8\pi\frac{G}{c^4}J_i, \quad (2.118)$$

また，$\delta\tilde{\gamma}^{jl} := \tilde{\gamma}^{jl} - \delta^{jl}$ とおいて式 (2.118) を成分表示すれば，事実，次式が得られる：

$$\delta^{jl}\tilde{A}_{ij,l} = -\partial_l\left(\delta\tilde{\gamma}^{jl}\tilde{A}_{ij}\right) + \tilde{\Gamma}^l{}_{ij}\tilde{A}^j{}_l - 6(\ln\psi)_{,j}\tilde{A}^j{}_i + \frac{2}{3}K_{,i} + 8\pi\frac{G}{c^4}J_i.$$
$$(2.119)$$

そこで，式 (2.119) を式 (2.117) に代入する．そして，得られた式を $F_i$ の発展方程式として採用する．

見方を変えると，$F_i$ に対する発展方程式は運動量拘束条件から直接導出さ

れた（つまり運動量拘束条件が $F_i$ の発展方程式そのものになっている），と
捉えることができる．それは，式 (2.119) の左辺に，もともとは $K_{ij}$ の定義式
であった式 (2.116) を代入すれば $F_i$ の発展方程式が得られることから理解さ
れる．このようにして導出された方程式を解けば，$\tilde{\gamma}_{ij}$ を微分して $F_i$ を求め
るよりも精度の高い数値解が得られるはずである．なぜならば，重力波，ス
カラー的成分，ベクトル的成分と様々な成分が入り混じる $\tilde{\gamma}_{ij}$ の空間微分か
ら $F_i$ を求めると，数値誤差が $F_i$ の本質的な大きさを覆い隠しうるが，$F_i$ そ
のものの性質が反映された式を解けば，そのような問題は起きないはずだか
らである．

　次に，新しい変数を用いて問題だった項を書き換えよう．それは，$\tilde{A}_{ij}$ の
発展方程式の右辺に存在するリッチテンソルの中にある．線形解析において
強い双曲性を破る元凶は，式 (2.107) の右辺に現れる $h_{ij}$ の 2 階微分の第 2～
4 項であった．一般の場合にも同様の項が存在するので，これについて述べ
よう．まず，$\psi$ と $\tilde{\gamma}_{ij}$ を用いて，$R_{ij}$ を以下のように書き改める：

$$R_{ij} = \tilde{R}_{ij} + R_{ij}^{\psi}. \tag{2.120}$$

ここで，$\tilde{R}_{ij}$ は $\tilde{\gamma}_{ij}$ に付随したリッチテンソルを表すが，式 (2.112) に注意
し，$\tilde{\Gamma}^k_{\ ki} = 0$ が成り立つことを用いると，それは次式に帰着する（式 (2.48)
参照））：

$$\tilde{R}_{ij} = -\frac{1}{2}\tilde{\gamma}^{kl}\left(\tilde{\gamma}_{ij,kl} - \tilde{\gamma}_{ik,jl} - \tilde{\gamma}_{jk,il}\right) + \tilde{\gamma}^{kl}_{\ \ ,l}\tilde{\Gamma}_{k,ij} - \tilde{\Gamma}^k_{\ il}\tilde{\Gamma}^l_{\ jk}. \tag{2.121}$$

また $R_{ij}^{\psi}$ は $\psi$ に依存する項で，以下の形に書かれる：

$$\begin{aligned}
R_{ij}^{\psi} = &-\frac{2}{\psi}\tilde{D}_i\tilde{D}_j\psi + \frac{6}{\psi^2}(\tilde{D}_i\psi)\tilde{D}_j\psi \\
&-\frac{2}{\psi^2}\tilde{\gamma}_{ij}\left[\psi\tilde{D}_k\tilde{D}^k\psi + (\tilde{D}_k\psi)\tilde{D}^k\psi\right].
\end{aligned} \tag{2.122}$$

ここで，式 (2.107) の $h_{kl,ij}\delta^{kl}$ に対応する項は $R_{ij}^{\psi}$ に吸収され，すでに異なる
独立変数である $\psi$ を用いて書かれている．よって，残り 2 つの問題の項に対
応する項が，$\tilde{R}_{ij}$ の右辺第 2, 3 項に現れる．そこで，これらを $F_i$ を用いて，

$$\tilde{\gamma}^{kl}\tilde{\gamma}_{ik,jl} + \tilde{\gamma}^{kl}\tilde{\gamma}_{jk,il} = F_{i,j} + F_{j,i} + \delta\tilde{\gamma}^{kl}(\tilde{\gamma}_{ik,jl} + \tilde{\gamma}_{jk,il}), \qquad (2.123)$$

と書き換える．この操作によって，発展方程式が本質的に $\tilde{\gamma}_{ij}$ の波動方程式になり，強い双曲性が保証されるようになる．

　Baumgarte と Shapiro は，Shibata-Nakamura 形式を微修正した．彼らは，$F_i$ の代わりに $\tilde{\Gamma}^i := -\tilde{\gamma}^{ij}{}_{,j}$ を使用すれば，基本方程式が若干簡略化されることに気がついたのである．その結果，BSSN 形式といえば，$F_i$ の代わりに $\tilde{\Gamma}^i$ が使用されることが多い．ただし，強い双曲性が保証される理屈は全く同じであり，当然ながら，どちらの定式化を用いても同じ結果が得られる．

　なお，BSSN 形式が最初に提唱された時点では，$\psi$（あるいは $\ln\psi$）が基本変数として採用された．しかし，ブラックホールが存在する時空を，数値相対論において標準的に用いられる等方座標を使って計算すると，計量がブラックホールの座標中心で発散するという問題があった．具体的に，等方座標における球対称ブラックホール解は次式で表される：

$$ds^2 = -\left(1 - \frac{GM}{2c^2r}\right)^2 \left(1 + \frac{GM}{2c^2r}\right)^{-2} (dx_0)^2$$
$$+ \left(1 + \frac{GM}{2c^2r}\right)^4 \left[dr^2 + r^2(d\theta^2 + \sin^2\theta d\varphi^2)\right]. \qquad (2.124)$$

ここで $M$ はブラックホールの質量を表す．また動径座標 $r$ は，式 (2.36) の $r$ とは異なり，この座標では $r = GM/(2c^2)$ が事象の地平面を表す．等方座標では，$r = 0$ で 3 次元計量が発散するが，他の空間座標では計量が発散することはない．また $g_{00} \leq 0$，$g_{ij} > 0$ が常に満たされており，この座標では事象の地平面およびその外側のみが覆われていることがわかる．つまり，物理的な特異点付近の時空はこの座標系では覆われておらず，それを避けるような座標系になっている．しかし，$r = 0$ で発生する発散量は，数値計算で取り扱えない．したがって，このままだとこの解を数値計算で取り扱うことができないのだが，この発散は本当の特異点で起きるものではなく，単に座標が悪いから起きるもので，本質的な問題ではない[2]．そこでこれに対処する

---

[2] 式 (2.124) で与えられるブラックホール解は，ワームホールを伴うトポロジーを表しており，$r = 0$ はワームホールを通過した向こう側の世界の無限遠方に対応する．

手法として，$W = \psi^{-2}$（あるいは $\psi^{-4}$）を変数として採用するとよいことが後に判明した．こうすると発散量が現れなくなるからである．その結果，現在，BSSN 形式と言えば，$\tilde{\gamma}_{ij}$, $\tilde{A}_{ij}$, $W$, $K$, $\tilde{\Gamma}^i$ を基本変数として採用する形式が標準的である．

これらを基本変数として採用する場合，発展方程式は，式 (2.116) および

$$(\partial_0 - \beta^l \partial_l)\tilde{A}_{ij} = W^2 \left[ \alpha \left( R_{ij} - \frac{\gamma_{ij}}{3} R_k{}^k \right) - \left( D_i D_j \alpha - \frac{\gamma_{ij}}{3} D_k D^k \alpha \right) \right]$$
$$+ \alpha \left( K \tilde{A}_{ij} - 2\tilde{A}_{ik}\tilde{A}_j{}^k \right) + \tilde{A}_{kj}\partial_i \beta^k + \tilde{A}_{ki}\partial_j \beta^k - \frac{2}{3}\tilde{A}_{ij}\partial_k \beta^k$$
$$- 8\pi \frac{G}{c^4}\alpha W^2 \left( S_{ij} - \frac{1}{3}\gamma_{ij}S_k{}^k \right), \tag{2.125}$$

$$(\partial_0 - \beta^l \partial_l)W = \frac{W}{3}\left( \alpha K - \partial_k \beta^k \right), \tag{2.126}$$

$$(\partial_0 - \beta^l \partial_l)K = \alpha \left[ \tilde{A}_{ij}\tilde{A}^{ij} + \frac{1}{3}K^2 \right] - W^2 \left( \tilde{D}_k \tilde{D}^k \alpha - \frac{\partial_i W}{W}\tilde{\gamma}^{ij}\partial_j \alpha \right)$$
$$+ 4\pi \frac{G}{c^4}\alpha \left( \rho_{\mathrm{h}} + S_k{}^k \right), \tag{2.127}$$

$$(\partial_0 - \beta^l \partial_l)\tilde{\Gamma}^i = -2\tilde{A}^{ij}\partial_j \alpha$$
$$+ 2\alpha \left[ \tilde{\Gamma}^i{}_{jk}\tilde{A}^{jk} - \frac{2}{3}\tilde{\gamma}^{ij}\partial_j K - 8\pi \frac{G}{c^4}\tilde{\gamma}^{ik}J_k - 3\frac{\partial_j W}{W}\tilde{A}^{ij} \right]$$
$$- \tilde{\Gamma}^j \partial_j \beta^i + \frac{2}{3}\tilde{\Gamma}^i \partial_j \beta^j + \frac{1}{3}\tilde{\gamma}^{ik}\partial_k \partial_j \beta^j + \tilde{\gamma}^{jk}\partial_j \partial_k \beta^i, \tag{2.128}$$

である．なお，$R_{ij} = \tilde{R}_{ij} + R_{ij}^W$ と分解し，$\tilde{R}_{ij}$ を計算する際には，$\tilde{\gamma}_{ij}$ の 2 階微分項の必要な部分を以下のように $\tilde{\Gamma}^i$ を用いて置き換える作業は必須である：

$$\tilde{R}_{ij} = -\frac{1}{2}\left( \tilde{\gamma}^{kl}\tilde{\gamma}_{ij,kl} - \tilde{\Gamma}^k{}_{,j}\tilde{\gamma}_{ik} - \tilde{\Gamma}^k{}_{,i}\tilde{\gamma}_{jk} + \tilde{\gamma}_{il,k}\tilde{\gamma}^{kl}{}_{,j} + \tilde{\gamma}_{jl,k}\tilde{\gamma}^{kl}{}_{,i} \right)$$
$$+ \frac{1}{2}\tilde{\Gamma}^l \tilde{\gamma}_{ij,l} - \tilde{\Gamma}^k{}_{il}\tilde{\Gamma}^l{}_{jk}. \tag{2.129}$$

また $W$ を用いると，$W^2 R_{ij}^W$ が次のように簡潔に書かれる点も利点である：

$$W^2 R_{ij}^W = W\tilde{D}_i \tilde{D}_j W + \tilde{\gamma}_{ij}\left( W\tilde{D}_k \tilde{D}^k W - 2(\tilde{D}_k W)\tilde{D}^k W \right). \tag{2.130}$$

## 2.5 ゲージ条件

2.3.1項で述べたように，各時刻，各空間点において $\alpha$ と $\beta^i$ は自由に選べる．一般相対論は選んだ座標によらない共変的な理論だが，その性質が反映されている．しかし，実際に重力場の式を解き，望みの解を得るには，$\alpha$ と $\beta^i$ を上手に選ばなくてはならない．これらを決める条件が，ゲージ条件（あるいは座標条件）と呼ばれる．より具体的には，$\alpha$ はある時刻 $t$ の空間的超曲面 $\Sigma_t$ が与えられた場合に，次の時刻の空間的超曲面 $\Sigma_{t+\Delta t}$ を決める．一方 $\beta^i$ は，時間軸の向きを $\Sigma_t$ 上の各点で決める（図2.3参照）．以下では，どのようなゲージ条件を与えるべきかについて，$\alpha$ と $\beta^i$ の各々に対して述べる．

### 2.5.1 スライス条件

$\alpha$ は，4次元時空全体を空間的超曲面の薄切（スライス）の集合体に分割するルールを決める関数なので，それに対する条件は，しばしば，スライス条件と呼ばれる．スライス条件を決める際の指針は，以下の3つである：(i) 滑らかな空間的超曲面を常に選ぶこと．(ii) 定常な時空に対しては，計量が時間変化して見えない空間的超曲面を選ぶこと．(iii) ブラックホールが存在

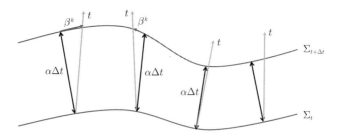

**図 2.3** ラプス関数 $\alpha$ とシフトベクトル $\beta^k$ の役割に関する概念図．隣接する2つの空間的超曲面 $\Sigma_t$，$\Sigma_{t+\Delta t}$ の間の物理的な時間間隔は，各点で $\alpha(x^i)\Delta t$ で与えられる．つまり，与えられた $\Sigma_t$ に対し，その超曲面上の $\alpha(x^i)$ が $\Sigma_{t+\Delta t}$ の幾何学的形状を決める．また $\Sigma_t$ 上における各点の時間軸の方向は自由に選べる．そして，その方向は $\beta^k(x^j)$ によって決まる．

する場合，事象の地平面内に物理的な特異点が発生するが，特異点に空間的超曲面が達すると計算が破綻する．そこで，特異点に近づきそうな領域では，物理的な時間の進行を止めるように設定すること：より具体的には，$\alpha$ がゼロに漸近するように条件を設定すること．以下では，各々が何を意味するのかについて，順に説明していく．

指針 (i) に対しての有名な悪例は，$\alpha = 1$, $\beta^i = 0$ とするゲージ条件である．この条件を真空時空に対して用いると，式 (2.127) は次式になる：

$$\frac{\partial K}{\partial x^0} = \tilde{A}_{ij}\tilde{A}^{ij} + \frac{1}{3}K^2. \qquad (2.131)$$

右辺は 0 以上の量なので，素直に考えると $K$ はある時刻で多くの点で正になるはずである．それを頭に入れて，式 (2.131) を次のように書き換えると

$$\frac{\partial K^{-1}}{\partial x^0} = -K^{-2}\tilde{A}_{ij}\tilde{A}^{ij} - \frac{1}{3}, \qquad (2.132)$$

以下の解が得られる：

$$K^{-1} = K_{\mathrm{i}}^{-1} - \int_{x_{\mathrm{i}}^0}^{x^0} K^{-2}\tilde{A}_{ij}\tilde{A}^{ij} - \frac{x^0 - x_{\mathrm{i}}^0}{3}. \qquad (2.133)$$

ここで，$K_{\mathrm{i}}$ は $x^0 = x_{\mathrm{i}}^0$ での $K$ を表すが，上で述べたように多くの点で $K_{\mathrm{i}} > 0$ と考えるのが自然である．他方，右辺の第 2, 3 項はともに負の量で，特に第 3 項は時間とともに絶対値が大きくなる．したがって，右辺は $x^0 = x_{\mathrm{i}}^0$ で正であっても，$x^0 > x_{\mathrm{i}}^0$ のいずれかの時刻でゼロになるだろう．すると $K$ が発散する．これは空間的超曲面が滑らかではなくなることを意味する．

この問題は異なる時間軸同士が交わってしまうために起きるのだが，これは以下のようにして理解できる．このゲージ条件では $\beta^i = 0$ なので，$n^\mu$ と時間軸の方向を表すベクトル $t^\mu$ が一致する．一方，定義式から $K = -\nabla_\mu n^\mu$ である．したがって，$K$ が発散する点では $\nabla_\mu t^\mu$ も発散する．つまり，時間軸が交わってしまったことを表している．

なおこのゲージ条件では，$K = -\partial_0 \ln\sqrt{\gamma}$ と書ける．したがって，$K$ が発散するときには $\gamma = 0$ である．空間の微小体積は $\sqrt{\gamma}$ に座標体積要素 $d^3x$ を

掛けて得られるので，$K$ がある点で発散すれば，その点では体積要素 $\sqrt{\gamma}\,d^3x$ が局所的に 0 になる．これも時間軸が交わったことの帰結である．

　このように安易にゲージ条件を選ぶとすぐに問題が発生するのだが，上の解析から得られる教訓は，$K$ の値を上手にコントロールすることが重要，という事実である．これは指針 (iii) にも関係するので，後に詳しく述べる．

　指針 (ii) は，計算結果を解析し，解釈する際に必要な条件としてしばしば言及される．一般相対論は共変的な理論なので，異なるゲージ条件で解を求めても，物理的にはそれらの解は等価である．しかし，ゲージ条件が異なると各量の振る舞いは異なって見える．計量で言えば，各成分の振る舞いが異なる．例えば，同じ定常解を表しているのだが，あるゲージ条件では計量の各成分は一定に保たれる一方，異なるゲージ条件ではそれが振動することがありうる．計算結果を解釈する際にどちらが良いかと言えば，もちろん前者である．後者だとよほど慎重に解析しないと，物理的にも振動している解が得られたのだと勘違いしかねない．さらに問題になるのは，不適切なゲージ条件を用いると，定常解に対しても計量の各成分が増加しうる点である（これについては，空間ゲージ条件の小節で述べる）．この種の問題の発現をあらかじめ防ぐには，定常解が定常に見えるゲージ条件を採用するのが無難である．

　指針 (iii) は，ブラックホール時空を扱うときに必須である．数値相対論の最も重要な役割の 1 つは，ブラックホール連星の合体現象のようなブラックホールの存在する時空の時間発展を調べることだが，連星が合体する前に特異点に空間的超曲面が衝突して計算が破綻してしまっては困る．ブラックホールの特異点を避け続けながら計算を進めなくてはならない．

　指針 (i)〜(iii) すべてを満足させるスライス条件として昔から知られたものが，maximal スライスと呼ばれる条件である．この条件では，$K = 0$ を要求する．より具体的には，式 (2.127) に対して $K = 0$ と $\partial_0 K = 0$ を要求する．すると，$\alpha$ を決めるための楕円型方程式が，以下のように導出される：

$$D_i D^i \alpha = 4\pi\alpha\frac{G}{c^4}\left(\rho_{\mathrm{h}} + S_k{}^k\right) + \alpha\tilde{A}_{ij}\tilde{A}^{ij}. \tag{2.134}$$

この条件が良い性質をもつことは，まずは以下の解析からわかる．$K = 0$

を要請すると，式 (2.89) から，$\sqrt{\gamma}$ に対する式が次の形に導かれる：

$$\partial_0 \sqrt{\gamma} = \partial_i (\sqrt{\gamma} \beta^i). \tag{2.135}$$

この式は，$\sqrt{\gamma}$ を密度，$-\beta^i$ を速度とみなせば，流体力学における連続の式と同じ形をもつ．よって，$\beta^i$ がよほどおかしな振る舞いをしない限り，連続の式の密度同様に，$\sqrt{\gamma}$ は正の有限値を保ちながら時間発展することが示唆される．$\alpha = 1$, $\beta^k = 0$ の場合のように $\gamma = 0$ になることはない，と予想できる．

さらに，一般相対論でよく知られる定常解，例えば，ブラックホールを表すシュバルツシルド解やカー (Kerr) 解，中性子星を表す解（トールマン・オッペンハイマー・ボルコフ (Tolman-Oppenheimer-Volkoff) 方程式を解いて得られる解）などは，すべて $K = 0$ を満たしている．したがって，初期条件としてそのような定常解を与えて，$K = 0$ 条件で時間発展させれば，定常性が上手に計量に反映されそうである．

そして最も重要なのが，maximal スライス条件でブラックホールの時間発展を追うと，ブラックホールの特異点が回避される点である．ブラックホールの特異点では，しばしば 3 次元計量が発散する．その場合，$\gamma$ も発散するはずだが，先に述べたように，$\gamma$ が式 (2.135) に従って発展するならば，$\beta^i$ がよほどおかしな振る舞いをしない限り，$\gamma$ の発散は避けられるはずである．つまり，このスライス条件を用いれば特異点への接近が回避できそうなのだ．事実，この期待が正しいことが，これまでに多くの例で示されてきた．

図 2.4 に一例を示そう．この図では，球対称ブラックホール時空に対してmaximal スライス条件を課し，空間的超曲面を進化させた解析的計算の結果が示されている．注意して欲しいのは，シュバルツシルド解 (2.36) も静的な解なので $K = 0$ の条件を満たしているが，この解の座標は性質が良くないため，ブラックホールの事象の地平面の内側か外側の片方しか首尾一貫して覆うことができない，という点である．図 2.4 の解を得る際には，事象の地平面の中も外も首尾一貫して覆うことができる空間的超曲面と，時空のあらゆる場所で時間的に振る舞う時間座標が採用されている．この解析で利用されているのはクルスカル (Kruskal) 座標と呼ばれる座標で，$Y$, $X$ がそれぞれ

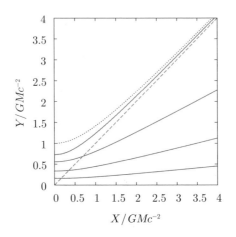

図 **2.4**　maximal スライス条件が用いられた場合に，球対称ブラックホール時空において空間的超曲面が時間発展（実線）する様子．クルスカル座標を採用．点線がブラックホールの特異点を，破線が事象の地平面を表す（$Y = X$ で表される）．空間的超曲面は特異点に接近するが決してそこに衝突しない．つまり，事象の地平面内では空間的超曲面の時間発展が最終的に止まる．

時間座標，動径座標を表す．角度方向については省略されているが，球対称時空を考えているので，どの $(\theta, \varphi)$ を選んでも全く同じ図になる．

　図2.4 では，$Y = X$（破線）が事象の地平面を表し，$Y > X$ が事象の地平面の中の領域を表す．4 本の実線が異なる時刻の空間的超曲面を表し，点線が事象の地平面内に存在する物理的な特異点を表す（つまりこの点線よりも $Y$ の大きな時空領域は存在しない）．事象の地平面の内側まで，常に空間的超曲面が貫かれており，性質が優れた座標が選ばれていることがわかる．

　この図において最も時間が進んだ空間的超曲面上では，事象の地平面内のすべての点で，$\alpha = 0$ が満たされている．つまり，時間の進みが止まり，特異点との衝突が回避される．この最終的に漸近する空間的超曲面は，極限超曲面と呼ばれる．この極限超曲面が存在すれば，特異点との衝突が回避されるので，この小節の最初に述べた指針のうちの (iii) は，極限超曲面が存在するスライス条件を選ぶこと，と言い換えることもできる．一方，事象の地平面の外側では $\alpha > 0$ であり，空間的超局面の時間発展は滞りなく進む．ゆえ

に，このスライス条件は，ブラックホールを含む時空の進化を調べるのに大変都合が良い．例えば，ブラックホール連星の合体を調べる際には，連星が合体し，重力波が放射され，それが遠方まで伝わっていく，といった一連の現象を理解したいのだが，このスライス条件だとそれが可能なのである．

しかしながら，maximal スライス条件にも問題がないわけではない．この条件を満足させるには，$\alpha$ に対する楕円型方程式 (2.134) を解く必要があるのだが，これを数値的に正確に解くには大きな計算コストが必要になるからである．つまり，数値計算を行うには，ありがたくない条件なのだ．

そこで近似的には $K = 0$ が満たされるが，$\alpha$ に対する楕円型方程式を解かずにすむ条件が考案されてきた．中でも，ダイナミカルスライス条件と呼ばれる条件が現在広く用いられる．この条件では，次式を時間発展させることにより $\alpha$ を決める：

$$\left(\partial_0 - \beta^k \partial_k\right)\alpha = -2\alpha K. \qquad (2.136)$$

驚くほど簡単な式なのだが，これを用いると，上手い具合に maximal スライス条件で得られるのに似た空間的超曲面が得られるのである．

まずブラックホールの特異点近傍での振る舞いを見てみよう．簡単のため，$\beta^i = 0$ の場合を考える（$\beta^i \neq 0$ でも本質的には同様）．この場合，$\tau = \int \alpha dt$ は，各時間軸に沿った物理的な経過時間を表す．仮に，ダイナミカルスライス条件でも極限超曲面が存在するとすれば，その面では $\alpha = 0$，かつ $\partial\alpha/\partial\tau = \dot{\alpha}/\alpha = 0$ のはずである．このことを式 (2.136) と照らし合わせれば，$K = 0$ が満たされることになる．これだけでは，極限超曲面が存在することが $K = 0$ の十分条件になっていることを示したにすぎないが，実際に数値計算を行うと，極限超曲面に空間的超曲面が漸近することが確認されるのだ．この例が示すように，この条件は実は，純粋に理論的に導出されたというよりも，むしろ，数値実験を繰り返し行うことによって経験的に発見されたものである（例えば，式 (2.136) の因子 2 は，数値実験から，数値安定性のために必要なことが経験的にわかった因子である）．この事実は，数値相対論では数値実験が重要な役割を担うことを端的に示している．

　ただし，式 (2.136) を解くことによって，maximal スライス条件が近似的に満たされるであろう根拠は他にもある．それを見るために，式 (2.136) を時間微分し，さらに得られた $\partial_0 K$ に式 (2.127) を代入してみよう．すると，$\alpha$ が双曲型の方程式に従うことがわかる．双曲型の方程式に従う変数がゆっくりと時間変化する場合には，その変数は実質的に楕円型の方程式に従う（系が定常状態に近ければ，これは当然成り立つ）．また，すでに触れたように，仮に極限超曲面が存在し，空間的超曲面がそこに漸近すれば，$\alpha$ はゆっくりと時間変化するはずで，結局は maximal スライス条件を満たすことになる．条件 (2.136) を用いて $\alpha$ に対する双曲型方程式を構築した理由は，これらの性質を期待してのことでもあった．なおこの手法は，次の 2.5.2 項で考察する実践的な空間ゲージ条件の開発にも利用される．

### 2.5.2　空間ゲージ条件

　$\beta^i$ の最も重要な役割は，3 次元計量 $\gamma_{ij}$ に内在する非物理的な要素をできるかぎり小さくすることである．特にこれは，角運動量をもつ系に対して大変重要になる．非物理的要素が何を意味するのか明確にするために，例として回転するブラックホールを考えよう．これに対する定常解（いわゆるカー解）は，$M$ と $\bar{a}$ をブラックホールの質量とスピンとし，ボイヤー・リンドキスト (Boyer-Lindquist) 座標を用いて，以下のように表すことができる：

$$
\alpha = \sqrt{\frac{\Delta_K \Sigma}{\Xi}}, \ \ \beta^\varphi = -\frac{2GM\bar{a}rc^{-2}}{\Xi},
$$

$$
\gamma_{rr} = \frac{\Sigma}{\Delta_K}, \ \ \gamma_{\theta\theta} = \Sigma, \ \ \gamma_{\varphi\varphi} = \frac{\Xi}{\Sigma}\sin^2\theta,
$$

$$
\Sigma := r^2 + \bar{a}^2\cos^2\theta, \ \ \ \Delta_K := r^2 - 2GMrc^{-2} + \bar{a}^2,
$$

$$
\Xi := (r^2 + \bar{a}^2)\Sigma + 2GM\bar{a}^2rc^{-2}\sin^2\theta. \tag{2.137}
$$

見てのとおり，この定常解の場合には，$\bar{a} \neq 0$ であれば，$\beta^\varphi \neq 0$ なのが特徴である．

　ここで，回転するブラックホールを，あえて $\beta^i = 0$ の条件で時間発展させてみる（ただし数値相対論に適した準等方座標（文献 [1] 参照）を用いて計算

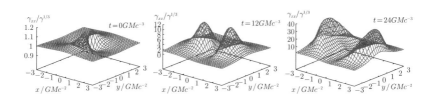

図 2.5　規格化されたスピンパラメータ，$c^2\bar{a}/(GM)$，が 0.6 のカーブラックホールを $\beta^i = 0$ ゲージで時間発展させた場合の $\tilde{\gamma}_{xx}(= \gamma^{-1/3}\gamma_{xx})$ の赤道面上の値に対する鳥瞰図．$t/(GM/c^3) = 0$，12，24 の結果を表示．空間ゲージが不適切なせいで，$\tilde{\gamma}_{xx}$ の最大値は，約 1.2 から 40 まで増加しており，最終的に計算が破綻する．

は実行させる）．すると，3 次元計量が単調に時間変化し，その絶対値や最大値付近の微分が増大する（図 2.5 参照）．その結果，数値計算が精度良く実行できる限界にやがて達し，計算が破綻する．この問題が起きたのは，不適切な空間ゲージ条件を採用したために，時間軸が捩れ，その結果この捩れ（あるいは歪み）を反映した非物理的な要素が，3 次元計量に反映されたからである．この捩れ（つまり非物理的成分）を排除するように，$\beta^i$ を上手に選ぶ必要があったのだ．一方，定常解を表す計量 (2.137) では，そのような非物理的な成分が排除される時間軸が選ばれているため，3 次元計量が時間変化することがないのである．

　3 次元計量に含まれる歪みや捩れをできるだけ排除すべし，という要請に応えて開発された空間ゲージ条件が，スマー (L. Smarr) とヨーク (J. York) による最小歪み条件である．この条件ではまず次式で表される作用を考える：

$$I = \int d^3x (\partial_0 \tilde{\gamma}_{ij})(\partial_0 \tilde{\gamma}_{kl})\tilde{\gamma}^{ik}\tilde{\gamma}^{jl}\sqrt{\gamma}. \qquad (2.138)$$

$I$ は，与えられた空間的超曲面上における $\tilde{\gamma}_{ij}$ の時間変化率の総量を表す．ここで $\gamma_{ij}$ そのものではなく，$\tilde{\gamma}_{ij}$ を考える理由は，$\gamma_{ij}$ の共形的な成分，$\gamma^{1/3}$，が，重力ポテンシャルを表す物理量とみなせるからである．つまり，$I$ を定義するにあたっては，$\gamma_{ij}$ に含まれる非物理的な成分の時間変化率の総量を表すことが意図されている．このようにして $I$ が定義されれば，それを最小化するようなゲージ条件が適した条件だと考えることができる．そこで，$I$ を

$\beta^i$ で変分し，$\delta I/\delta \beta^i = 0$ から条件を導出する．すると次式が得られる：

$$\tilde{D}^i \tilde{D}_i \tilde{\beta}_j + \frac{1}{3} \tilde{D}_j \tilde{D}_i \tilde{\beta}^i + \tilde{R}_{jk} \tilde{\beta}^k$$
$$+ \tilde{D}^i \ln \sqrt{\gamma} \left( \tilde{D}_i \tilde{\beta}_j + \tilde{D}_j \tilde{\beta}_i - \frac{2}{3} \tilde{\gamma}_{ij} \tilde{D}_k \tilde{\beta}^k \right)$$
$$- 2 \tilde{A}_{ij} \tilde{D}^i \alpha - \frac{2}{3} \alpha \tilde{D}_j K = 16\pi \frac{G}{c^4} \alpha J_j. \qquad (2.139)$$

これが最小歪み条件の基本方程式である．

　しかしこの条件式も，数値相対論で採用するには甚だ好ましくない．楕円型方程式（しかも多成分の楕円型方程式）だからである．そこで再び，式 (2.139) をベースに双曲型方程式を構築する．この作業に，BSSN 形式で導入した新たな補助変数 $F_i$ あるいは $\tilde{\Gamma}^i$ が助けになる．$F_i$ や $\tilde{\Gamma}^i$ に対する発展方程式の右辺を見ると，式 (2.139) の最初の 2 項に類似の項（平坦時空では一致）が存在するからである．したがって，$\dot{\beta}^i = \tilde{\gamma}^{ij} F_j$，$\dot{\beta}^i = \tilde{\Gamma}^i$ のような方程式を構築すれば，式 (2.139) の微分演算子を空間微分にもつ双曲型方程式が $\beta^i$ に対して構築される．ただし，単純にこの処方箋を用いただけでは，安定に数値計算を進めることができないことも知られている．$\alpha$ に対するダイナミカルスライス条件の場合と同様に，これについても数値実験が重ねられた結果，適した条件式が最終的に導出された．例えば，$F_i$ を用いる BSSN 形式の場合には，

$$\partial_0 \beta^i = \frac{3}{4} \tilde{\gamma}^{ij} (F_j + \Delta x^0 \, \partial_0 F_j), \qquad (2.140)$$

とするとよい（$\Delta x^0$ は数値計算における時間刻み幅を表す）．$\tilde{\Gamma}^i$ を用いる場合には，さらに補助変数 $B^i$ を導入して，

$$\left( \partial_0 - \beta^k \partial_k \right) \beta^i = \frac{3}{4} B^i,$$
$$\left( \partial_0 - \beta^k \partial_k \right) B^i = \left( \partial_0 - \beta^k \partial_k \right) \tilde{\Gamma}^i - \eta_B B^i, \qquad (2.141)$$

とする定式化が用いられる（$\eta_B$ は系の質量を $M$ とした場合に，$c^2/GM$ 程度の係数）．いずれの場合も，最小歪み条件が近似的に満たされ，3 次元計量の非物理的な成分の増大が抑えられる．これらのゲージはダイナミカルシフ

ト条件と呼ばれ，今日では，数値相対論において標準的に採用される.

## 2.6 初期条件の設定

　数値相対論において初期条件を与える際には，拘束条件を満足させなくてはならない. この作業では，拘束条件の成分数 (4) と 3+1 形式の成分数（$\gamma_{ij}$ と $K_{ij}$ の合計 12）が大きく異なるため，どの変数を拘束条件で決定するのか，まずは考える必要がある. これに対する指針を最初に与えたのが，ヨーク (J. York) とオムルホ (N. ÓMurchadha) である. 2.6.1 項ではまず，彼らの処方箋を紹介し，次に，より現実的な初期条件を与えるための定式化について解説する. さらに 2.6.2 項では，中性子星連星の物質場に対する現実的な初期条件を与えるための定式化について触れる.

### 2.6.1 計量に対する基本方程式

　ハミルトニアン拘束条件 (2.73) は，$\gamma_{ij}$ に付随するリッチスカラーからなる方程式，つまり，$\gamma_{ij}$ の空間 2 階微分からなる式である. そこで，ここから楕円型方程式を構築することを考える. 具体的には，ある計量 $\hat{\gamma}_{ij}$ を仮定して，$\gamma_{ij} = \psi^4 \hat{\gamma}_{ij}$ とおき，式 (2.120), (2.122) を参考に $R_k{}^k$ を計算する. すると式 (2.73) から，$\psi$ に対する楕円型方程式が以下の形に導出される：

$$\hat{\Delta}\psi = \frac{1}{8}\hat{R}_k{}^k\psi - 2\pi\frac{G}{c^4}\rho_{\rm h}\psi^5 - \frac{\psi^5}{8}\left(K_{ij}K^{ij} - K^2\right). \qquad (2.142)$$

ここで $\hat{D}_i$ を $\hat{\gamma}_{ij}$ に付随した共変微分とすれば，$\hat{\Delta} = \hat{D}_i\hat{D}^i$ である. また $\hat{R}_k{}^k$ は，$\hat{\gamma}_{ij}$ に付随するリッチスカラーを表す. したがって，ハミルトニアン拘束条件は，ある与えられた $\hat{\gamma}_{ij}$, $\rho_{\rm h}$, $K_{ij}$ に対して，$\psi$ を決める式に還元される.

　他方，運動量拘束条件 (2.75) は，$K_{ij}$ の空間 1 階微分からなる 3 成分の方程式である. よって，何らかのベクトル量に対する楕円型方程式を構築し，それを解くことによって $K_{ij}$ を与える作業が適切だと考察される. そこで試しに，テンソルの性質を考慮して，$K_{ij}$ を次のようにスカラー，ベクトル，テ

ンソル成分の和に分解してみる：

$$K_{ij} = \frac{1}{3}\gamma_{ij}K + D_iW_j + D_jW_i - \frac{2}{3}\gamma_{ij}D_kW^k + K_{ij}^{\mathrm{TT}}. \qquad (2.143)$$

ここで，$W_i$ は空間的ベクトル，そして $K_{ij}^{\mathrm{TT}}$ は，$\gamma^{ij}K_{ij}^{\mathrm{TT}} = 0$ と $D^iK_{ij}^{\mathrm{TT}} = 0$ を満たす（トレースゼロかつ横波成分の）テンソル成分である．式 (2.143) を (2.75) に代入すると，$W_i$ に対する楕円型方程式が以下のように得られる：

$$D_kD^kW_i + \frac{1}{3}D_iD_kW^k + R_{ik}W^k - \frac{2}{3}D_iK = 8\pi\frac{G}{c^4}J_i. \qquad (2.144)$$

　しかし，実用上はもう少し気の利いた方法が好ましい．なぜならば，式 (2.144) には $\gamma_{ij}$ に付随する共変微分 $D_i$ が現れるが，これを座標表示すると $\psi$ に依存する項が現れるからである．よって，式 (2.144) を採用すると，ハミルトニアン拘束条件と運動量拘束条件の両方に $\psi$ が現れるため，連立方程式系になる．つまり，各々を独立に解くことができない．

　そこで式 (2.143) の代わりに，$\hat{K}_{ij} := \psi^2 K_{ij}$ を以下のように分解する：

$$\hat{K}_{ij} = \frac{1}{3}\psi^6\hat{\gamma}_{ij}K + \hat{D}_i\hat{W}_j + \hat{D}_j\hat{W}_i - \frac{2}{3}\hat{\gamma}_{ij}\hat{D}_k\hat{W}^k + \hat{K}_{ij}^{\mathrm{TT}}. \qquad (2.145)$$

ここで $\hat{K}_{ij}^{\mathrm{TT}}$ は，$\hat{D}^i\hat{K}_{ij}^{\mathrm{TT}} = 0 = \hat{\gamma}^{ij}\hat{K}_{ij}^{\mathrm{TT}}$ を満たすテンソル成分であり，自由に与えることができる．なお $\hat{K}_{ij}$ や $\hat{W}^i$ に対する添字の上げ下げは，$\hat{\gamma}_{ij}$ を用いて行うことを規則とする．したがって，$\hat{K}^i{}_j = \psi^6 K^i{}_j$（ゆえに $\hat{K} = \psi^6 K$）になる．

　式 (2.145) を運動量拘束条件に代入する前に，まずは運動量拘束条件を，$\hat{\gamma}_{ij}$ と $\hat{D}_i$ を用いて書き換えると（少々の計算の後に）次式に帰着する：

$$\hat{D}_i\hat{K}^i{}_j - \psi^4\hat{D}_j(\psi^2 K) = 8\pi\frac{G}{c^4}J_j\psi^6. \qquad (2.146)$$

これに式 (2.145) を代入すると，$\hat{W}_i$ に対して以下の楕円型方程式が得られる：

$$\hat{D}_k\hat{D}^k W_i + \frac{1}{3}\hat{D}_i\hat{D}_k\hat{W}^k + \hat{R}_{ij}\hat{W}^j - \frac{2}{3}\psi^6\hat{D}_iK = 8\pi\frac{G}{c^4}J_i\psi^6. \qquad (2.147)$$

ここで，$\hat{R}_{ij}$ は $\hat{\gamma}_{ij}$ に付随するリッチテンソルである．スライス条件として

maximal スライス条件 $K = 0$ を選び，$J_i \psi^6$ を与えられた量とみなせば，式 (2.147) は $\psi$ を含まない式になる．よって，ハミルトニアン拘束条件とは独立に解くことができる．また $\hat{\gamma}_{ij} = \delta_{ij}$ であれば，左辺は平坦計量のベクトルラプラシアン演算子に帰着するので，解を求めるのはかなり容易になる．

$K = 0$ を仮定して，先に式 (2.147) を解けば，式 (2.145) を用いて，$\hat{K}_{ij}$ が求まる．これを式 (2.142) に代入すれば，次式が得られる：

$$\hat{\Delta}\psi = \frac{1}{8}\hat{R}_k{}^k \psi - 2\pi \frac{G}{c^4} \rho_{\mathrm{h}} \psi^5 - \frac{1}{8\psi^7} \hat{K}_{ij}\hat{K}^{ij}. \qquad (2.148)$$

そしてこの楕円型方程式を $\psi$ に対して解けば，ハミルトニアン拘束条件の解が得られる．なお，$\hat{\gamma}_{ij}$ の与え方について詳しく述べなかったが，高速回転する天体を考えない限り，$\hat{\gamma}_{ij} - \delta_{ij}$ が小さい問題が多いので，簡単のため，これを単純に $\delta_{ij}$ にする場合が多い．ラプラシアン演算子が簡単に書け，数値計算も容易になるからである．しかし，高速回転する天体が含まれるような問題の場合には，$\hat{\gamma}_{ij}$ として現実的な関数を与えなくてはならない．

より現実的な状態，例えば軌道運動にある連星中性子星を初期条件として採用したい場合には，上で与えた定式化では不十分である．より現実的な $K_{ij}$ を与えなくてはならないからである．そのために具体的には，$\hat{\gamma}_{ij}$ の発展方程式を考慮する必要がある．$\tilde{\gamma}_{ij}$ の発展方程式 (2.116) を求めたときと同様に，$\hat{\gamma}_{ij}$ に対して発展方程式を書き下すと，次式が得られる：

$$(\partial_0 - \beta^l \partial_l)\hat{\gamma}_{ij} = -2\alpha\psi^{-4}\left(K_{ij} - \frac{1}{3}\gamma_{ij}K\right) - \frac{1}{3}\hat{\gamma}_{ij}\beta^l \partial_l \ln \hat{\gamma},$$
$$+ \hat{\gamma}_{ik}\partial_j \beta^k + \hat{\gamma}_{jk}\partial_i \beta^k - \frac{2}{3}\hat{\gamma}_{ij}\partial_k \beta^k. \qquad (2.149)$$

よって $\partial_0 \hat{\gamma}_{ij}$ と $\hat{\gamma}_{ij}$ を何らかの形に仮定すれば，$K_{ij}$ は $\beta^i$ の関数とみなせる．そこでこの式を運動量拘束条件に代入する．すると，2.5.2 項で紹介した最小歪み条件のときと同様に，$\beta^i$ に対する楕円型方程式が得られる．これを解くことによって $\beta^i$ を決め $K_{ij}$ を与える手法が，より現実的な初期条件を求めるためにしばしば用いられる．

この手法を用いる場合，式 (2.149) には $\alpha$ が含まれるので，さらにこれに

対する式も解かなくてはならない. $\alpha$ に対しては,maximal スライス条件,$\partial_0 K = 0 = K$,を採用するのがごく一般的である. maximal スライス条件式 (2.134) と式 (2.142) を組み合わせると,以下の楕円型方程式が得られる:

$$\hat{\Delta}(\alpha\psi) = \frac{\alpha\psi}{8}\hat{R}_k{}^k + 2\pi\frac{G}{c^4}\left(\rho_h + 2S_k{}^k\right)\psi^5 + \frac{7\alpha}{8\psi^7}\hat{K}_{ij}\hat{K}^{ij}. \quad (2.150)$$

$\hat{\gamma}_{ij} = \delta_{ij}$ の場合には左辺の演算子が平坦空間のラプラシアンになり,比較的容易に解を求めることができるので,数値計算ではこの方程式が通常採用される.

なおこの定式化を用いると,球対称のブラックホール解 (2.124) が簡単に得られる. 真空なので,$\rho_h$,$J_i$,$S_{ij}$ はゼロである. さらに,$\hat{\gamma}_{ij} = \delta_{ij}$ とすれば,$\hat{R}_k{}^k = 0$ でかつ $\hat{\Delta}$ は平坦空間のラプラシアンに帰着するので,式 (2.147),(2.148),(2.150) から $\hat{W}_i = 0$,$\hat{K}_{ij} = 0$,および

$$\psi = 1 + \frac{GM}{2c^2r}, \qquad \alpha\psi = 1 - \frac{GM}{2c^2r} \quad (2.151)$$

が得られる. また式 (2.149) から $\beta^i = 0$ が必要なこともわかる. なお $GM/c^2$ に付随する項の係数は,シュバルツシルド座標に座標変換したときに,計量が式 (2.36) と一致するように選ばれている.

## 2.6.2　物質場に対する現実的初期条件の与え方

星の重力崩壊や連星中性子星の合体のように物質場が存在する問題を調べる際には,物質場に対しても状況に応じた現実的な初期条件を与える必要がある. 以下では特に,中性子星連星(連星中性子星あるいはブラックホール・中性子星連星)の場合に焦点を絞り,その方法を解説する.

物質場の基本方程式は式 (2.8) で与えられる. 中性子星内の物質は近似的に理想流体として振る舞うので,ここでは以下の理想流体のエネルギー運動量テンソルを考える:

$$T_{\mu\nu} = \rho h u_\mu u_\nu + P g_{\mu\nu}. \quad (2.152)$$

ここで,$\rho$ が静止質量密度,$h$ が単位質量あたりのエンタルピー,$u^\mu$ が 4 元

速度, $P$ が圧力を表す. なお流体を考えるので, 連続の式 $\nabla_\mu(\rho u^\mu) = 0$ も満足させるべき基本方程式になる (詳しくは, 第 4 章参照).

さて, 合体前の中性子星連星の運動状態を考察しよう. 中性子星連星や連星ブラックホールは, その誕生後, 重力波放射によって軌道半径を縮め, やがて合体する. 重力波放射によって, 連星系からはエネルギーと角運動量が失われるが, エネルギーは角運動量に比べ, よりすばやく失われるのが重力波放射の特徴である (例えば文献 [3] を参照). そのため, 仮に初期に離心率が大きな楕円軌道を連星がもっていたとしても, 離心率は急速に小さくなり, 軌道は円軌道に近づく. 中性子星連星の誕生時の典型的な軌道半径は, 太陽半径 (約 70 万 km) の数倍程度 (表 5.1 参照) で, 合体開始時の軌道半径が数十 km である. したがって, 合体までに重力波放射によって, 大幅に軌道半径を縮める. よって, 合体時の離心率はほぼゼロと考えてよい. つまり近接連星を考えるならば, 円軌道にある状態が現実的と想定される.

もう 1 つ重要な点は, 重力波放射によって軌道半径を縮める時間スケールが, 軌道周期に比べて長いことである. 重力波放射によって軌道半径が縮む時間スケール $\tau_{\mathrm{GW}}$ は, 連星の合計質量を $M$, 換算質量を $\mu$, 軌道半径を円軌道を仮定して $a$ とすれば, 次式で近似的に記述される (参考文献 [3,5] 参照):

$$\tau_{\mathrm{GW}} = \frac{5}{256} \frac{c^5 a^4}{G^3 M^2 \mu}. \tag{2.153}$$

これに対し, 軌道周期 $P = 2\pi(a^3/GM)^{1/2}$ との比を取ると,

$$\frac{\tau_{\mathrm{GW}}}{P} \approx 1.1 \left(\frac{a}{6GM/c^2}\right)^{5/2} \left(\frac{M}{4\mu}\right), \tag{2.154}$$

が得られる. ここで, 円軌道にある中性子星連星を考える場合, 合体は $a \gtrsim 6GM/c^2$ で始まる. また定義により, $M/\mu \geq 4$ である. したがって, 重力波放射で軌道半径が縮むのにかかる時間スケールは, 合体に至るまで常に周期よりも長い. 特に, $a \geq 10GM/c^2$ とすると, $\tau_{\mathrm{GW}}/P \geq 4$ になる. こうした場合, 重力波放射による軌道半径の減少率が小さいので, 連星の公転運動との共動座標系で連星を観測すれば, 近似的に, 連星系が止まって見え

るはずである．つまり，共動座標系では，近似的に計量や物質場の時間微分がゼロに見えるはずである．この状態は，近似的に螺旋状キリングベクトルが存在する状態，と呼ばれる．以下の定式化では，このキリングベクトルの存在を仮定する．

先に進む前に，キリングベクトルに関して簡単に説明しておこう．まず，キリングベクトル $\xi^\mu$ が存在する時空とは，次式を満足する時空である：

$$\mathscr{L}_\xi g_{\mu\nu} = 0. \tag{2.155}$$

ここで，$\mathscr{L}_\xi$ はリー微分を表し，2階のテンソル $Q_{\mu\nu}$ に対しては，

$$\mathscr{L}_\xi Q_{\mu\nu} := \xi^\alpha \nabla_\alpha Q_{\mu\nu} + Q_{\mu\alpha}\nabla_\nu \xi^\alpha + Q_{\nu\alpha}\nabla_\mu \xi^\alpha$$
$$= \xi^\alpha \partial_\alpha Q_{\mu\nu} + Q_{\mu\alpha}\partial_\nu \xi^\alpha + Q_{\nu\alpha}\partial_\mu \xi^\alpha, \tag{2.156}$$

によって定義される．例えば，時間的なキリングベクトルなら，$\xi^\mu = \delta_t{}^\mu$ となる座標系を張れば，$\partial_t g_{\mu\nu} = 0$ が得られ，計量が時間に依存しない条件が得られる．また $\nabla_\alpha g_{\mu\nu} = 0$ なので，式 (2.156) から，$\nabla_\mu \xi_\nu + \nabla_\nu \xi_\mu = 0$ や $\nabla_\mu \xi^\mu = 0$ が成り立つこともわかる．なお，物質場に対しても，

$$\mathscr{L}_\xi \rho = \partial_t \rho = 0, \quad \mathscr{L}_\xi h = \partial_t h = 0, \tag{2.157}$$
$$\mathscr{L}_\xi u_\mu = \xi^\alpha \nabla_\alpha u_\mu + u_\alpha \nabla_\mu \xi^\alpha = 0, \tag{2.158}$$

などが当然成り立たなくてはならない．

合体前の中性子星連星の場合，螺旋状キリングベクトルが近似的に存在するが，それを最も理解しやすい座標で記述すれば，以下の形に表される：

$$\xi^\mu = \delta_t{}^\mu + \Omega\,\delta_\varphi{}^\mu. \tag{2.159}$$

ここで $\Omega$ は軌道角速度を表し，また座標原点は系の重心に取るものとする．

以下では，連星が赤道面上を軌道運動していることを仮定しよう．その場合，螺旋状キリングベクトルは，$\varpi < c\Omega^{-1}$ でのみ $\xi^\mu \xi_\mu < 0$ を満たし，時間的になる（$\varpi$ は円筒座標系における動径座標を表す）．そこで以下の議論では，時間的になる領域でのみ螺旋状キリングベクトルが存在すると仮定する．実際，螺旋状キリングベクトルが全空間で存在するような一般相対論の現実的な非定常解は存在しえない．そのような時空では定在重力波が無限遠方ま

で存在することになるが,その場合,時空の全エネルギーが発散してしまう
からである（定在重力波のエネルギー密度は,平均的に $r^{-2}$ に比例すること
に注意しよう：よって体積積分が発散する）.

　以後,時間的なキリングベクトルが存在する状況で,式 (2.152) を用いな
がら運動方程式 (2.8) を書き換えていくが,その前にまず準備として,キリン
グベクトルの存在を仮定しない一般的な場合について式変形を行う.連続の
式と $u^\mu u_\mu = -1$ を用いると,理想流体に対する運動方程式 (2.8) は

$$
\begin{aligned}
0 &= \nabla_\mu T^\mu_\nu = \nabla_\mu(\rho h u^\mu u_\nu) + \nabla_\nu P \\
&= \rho u^\mu \nabla_\mu(h u_\nu) + \nabla_\nu P \\
&= \rho u^\mu \omega_{\mu\nu} - \rho \nabla_\nu h + \nabla_\nu P,
\end{aligned}
\tag{2.160}
$$

と書き換えられる.ここで,$\omega_{\mu\nu} := \nabla_\mu(h u_\nu) - \nabla_\nu(h u_\mu)$ を定義した.大雑
把には,$\omega_{\mu\nu}$ の空間成分が流体の渦度に対応する.

　さらに式変形を行うにあたって,熱力学第一法則を思い出そう.これは温
度を $T$,単位質量あたりのエントロピーを $s$ とすれば,$-\rho dh + dP = -\rho T ds$
と書かれる.ここで $dQ$ は,流体素片上での熱力学量 $Q$ の変化を表す.合体
前の中性子星は温度が低く,左辺の $\rho dh$ や $dP$ に比べ,右辺の $\rho T ds$ の寄与
は無視できる.よって,$\rho dh = dP$,が成り立つが,これは状態方程式が,

$$
h = \int \frac{dP}{\rho}
\tag{2.161}
$$

を満たすべきことを意味する.すると $-\rho \nabla_\nu h + \nabla_\nu P = 0$ が要請され,式
(2.160) から,$\omega_{\mu\nu}$ の詳細によらず,$u^\mu \omega_{\mu\nu} = 0$ が成立することがわかる.

　次に,時間的キリングベクトルが存在する場合を考えよう.まず,$u^\mu = u^0(\xi^\mu + q^\mu)$ と分解しておく.ここで,$q^\mu$ は $q^0 = 0$ を満たす空間的ベクトル
で,連星の公転運動との共動座標系で見た流体の 3 元速度と解釈できる.こ
の準備のもとで,次の式変形を行う：

$$
\begin{aligned}
0 &= u^\mu \omega_{\mu\nu} = u^0 \left[ \xi^\mu \nabla_\mu(h u_\nu) - \xi^\mu \nabla_\nu(h u_\mu) + q^\mu \omega_{\mu\nu} \right] \\
&= u^0 \left[ \mathscr{L}_\xi(h u_\nu) - \nabla_\nu(h u_\mu \xi^\mu) + q^k \omega_{k\nu} \right].
\end{aligned}
\tag{2.162}
$$

ここで，この式の空間成分にだけ着目し，$\nu = i$ とおこう．まず $\mathscr{L}_\xi(hu_i) = 0$ である．さらに渦度ゼロ，$\omega_{ij} = 0$，が成り立てば，

$$hu_\mu \xi^\mu = \text{const.} \qquad (2.163)$$

が得られる．式 (2.163) のような関係式は，オイラー方程式の第一積分と呼ばれる．相対論的なオイラー方程式が，時間積分され，簡単な式に帰着したことを意味する．なお渦度ゼロを仮定したのは，合体前の中性子星の自転速度が公転速度に比べて十分に小さいことから正当化される．これについては，5.1 節でより詳しく述べる．なお渦度ゼロが成り立つ場合には，$D_i(hu_j) - D_j(hu_i) = 0$ なので，$hu_i$ はスカラーポテンシャル $\Psi$ を用いて，次のように表される：

$$hu_i = D_i \Psi. \qquad (2.164)$$

さて，オイラー方程式に加え，連続の式も満足させる必要があるが，これは以下のように式変形される：

$$\begin{aligned}
0 &= \nabla_\mu(\rho u^\mu) = \nabla_\mu[\rho u^0(\xi^\mu + q^\mu)] = \nabla_\mu[\rho u^0 q^\mu] \\
&= \frac{1}{\sqrt{-g}} \partial_\mu[\sqrt{-g}\rho u^0 q^\mu] \\
&= \frac{1}{\sqrt{-g}} \partial_i[\rho u^0 q^i \sqrt{-g}] = \alpha^{-1} D_i(\rho \alpha u^0 q^i). \qquad (2.165)
\end{aligned}$$

途中で，$\nabla_\mu \xi^\mu = 0$，$\xi^\mu \nabla_\mu(\rho u^0) = 0$，$q^0 = 0$ であること，および関係式 $\sqrt{-g} = \alpha \sqrt{\gamma}$ を用いた．さらに，$u^\mu$ と $u_\mu$ の関係式を用いれば，$q^i$ は次式で書かれる（式 (4.15) 参照）：

$$q^i = -\xi^i - \beta^i + \gamma^{ij}\frac{u_j}{u^0} = -\xi^i - \beta^i + \frac{1}{hu^0}D^i\Psi. \qquad (2.166)$$

その結果，式 (2.165) は最終的に，$\Psi$ に対する以下の楕円型方程式に帰着する：

$$D_i\left(\rho h^{-1}\alpha D^i\Psi\right) - D_i\left[\rho \alpha u^0(\xi^i + \beta^i)\right] = 0. \qquad (2.167)$$

中性子星連星に対しては，式 (2.163) と (2.167) を重力場の方程式と連立させて解きながら，現実的な初期条件が与えられる．実際にこのような初期条件を与えて，中性子星連星の合体に対する数値計算が実行されてきた．第 5 章で紹介する計算結果は，すべてこのような設定に対して得られたものである．

# 第3章

# 差分法によるアインシュタイン方程式の解法

## 3.1 　波動方程式の解法

　第 2 章で何度か示したように，アインシュタイン方程式（の発展方程式）は，多成分の波動方程式の形に書き下すことができる．したがって，1 成分スカラー場に対する波動方程式

$$\Box \phi = 0, \tag{3.1}$$

を正確に解くことができる数値計算法を用いれば，アインシュタイン方程式をも正確に解くことができる．そこで以下では，式 (3.1) の解法についてまずは詳しく解説する．

### 3.1.1　空間微分の差分化

　最初に，空間微分の差分化について述べる．密度が急激にゼロに近づく星の表面などの特別な領域を除けば，計量は通常は滑らかな量なので，以下では計量が滑らかだと想定して議論を進める．同様に $\phi$ も滑らかな量だとすれば，以下のように，ある点 $x = x_0$ の周りで，テーラー展開可能である：

$$\phi(x) = \phi_0 + \phi_0' \Delta x + \frac{1}{2!} \phi_0'' \Delta x^2 + \frac{1}{3!} \phi_0''' \Delta x^3 + \frac{1}{4!} \phi_0'''' \Delta x^4 + O(\Delta x)^5.$$

$$\tag{3.2}$$

ここで $\Delta x = x - x_0$ であり，また $\phi_0$, $\phi_0'$, ..., $\phi_0''''$ は，$x = x_0$ での $\phi$, $\partial_x \phi$, ..., $\partial_x^4 \phi$ の値を表す．

　簡単のため，一様な格子をはり，偏微分方程式を差分化して，数値計算を実行する場合を考えよう．つまり，$j$ を整数として，$x_j = j\Delta x$ に格子を設定し，格子上の値 $\phi_j$ の時間発展を追うことを考える（以下では $\Delta x$ を定数とする）．式 (3.2) を用いれば，

$$\phi(x_{\pm 2}) = \phi_0 \pm 2\phi_0'\Delta x + 2\phi_0''\Delta x^2 \pm \frac{4}{3}\phi_0'''\Delta x^3 + \frac{2}{3}\phi_0''''\Delta x^4,$$

$$\phi(x_{\pm 1}) = \phi_0 \pm \phi_0'\Delta x + \frac{1}{2}\phi_0''\Delta x^2 \pm \frac{1}{6}\phi_0'''\Delta x^3 + \frac{1}{24}\phi_0''''\Delta x^4, \quad (3.3)$$

と書かれるので，$\phi_0'$ や $\phi_0''$ は以下の差分形式に書き下される：

$$\phi_0' = \frac{-[\phi(x_2) - \phi(x_{-2})] + 8[\phi(x_1) - \phi(x_{-1})]}{12\Delta x}, \quad (3.4)$$

$$\phi_0'' = \frac{-[\phi(x_2) + \phi(x_{-2})] + 16[\phi(x_1) + \phi(x_{-1})] - 30\phi(x_0)}{12\Delta x^2}. \quad (3.5)$$

これらを元の偏微分方程式に代入することにより，差分方程式が得られる．

　差分で評価されたこれらの微分量には，定義により，$O(\Delta x^4)$ の誤差が存在する．しかし，誤差は $\Delta x^4$ に比例して減少するので，$\Delta x \to 0$ の極限では，正しい解に収束する．このような差分法は 4 次精度の差分法と呼ばれる．

　差分法を用いる場合には，異なる $\Delta x$ の値を用いて複数の数値計算を行い，予想されるとおりに誤差が小さくなるのか，つまり正しい解に数値解が漸近していくのか，必ず確かめなければならない．そして予想どおりの精度が実現されることが確かめられた後に，$\Delta x \to 0$ の極限操作を実行し，真の解を推定する．

　4 次精度の代わりに 2 次精度の差分で微分を評価するのであれば，

$$\phi_0' = \frac{\phi(x_1) - \phi(x_{-1})}{2\Delta x}, \quad \phi_0'' = \frac{\phi(x_1) + \phi(x_{-1}) - 2\phi(x_0)}{\Delta x^2}, \quad (3.6)$$

になる．この場合，誤差は $\Delta x^2$ に比例する．なお，これらの例からわかるとおり，$n$ 次精度の差分法を用いて一様格子の場合に 1 階微分と 2 階微分を書き下すには，それぞれ $n$ と $(n+1)$ の格子点が必要になる．

　一般相対論では他にも，$\partial_x \partial_y \gamma_{ij}$ のような微分が現れる．これに対する評

価に関しても同様の指針で望めばよい．例えば，4 次精度の差分法を用いるのであれば，$4 \times 4$ の格子点を用いて，これは次のように評価される：

$$
\partial_x \partial_y \gamma_{ij} = \frac{1}{12^2 \Delta x \Delta y}
$$
$$
\times \Big[ - [-\{\gamma_{ij}(x_2, y_2) - \gamma_{ij}(x_{-2},\, y_2)\} + 8\{\gamma_{ij}(x_1, y_2) - \gamma_{ij}(x_{-1},\, y_2)\}]
$$
$$
+ [-\{\gamma_{ij}(x_2, y_{-2}) - \gamma_{ij}(x_{-2},\, y_{-2})\} + 8\{\gamma_{ij}(x_1, y_{-2}) - \gamma_{ij}(x_{-1},\, y_{-2})\}]
$$
$$
+ 8[-\{\gamma_{ij}(x_2, y_1) - \gamma_{ij}(x_{-2},\, y_1)\} + 8\{\gamma_{ij}(x_1, y_1) - \gamma_{ij}(x_{-1},\, y_1)\}]
$$
$$
- 8[-\{\gamma_{ij}(x_2, y_{-1}) - \gamma_{ij}(x_{-2},\, y_{-1})\} + 8\{\gamma_{ij}(x_1, y_{-1}) - \gamma_{ij}(x_{-1},\, y_{-1})\}]\Big].
$$
$$
(3.7)
$$

### 3.1.2 時間積分法

空間微分の差分化の次に必要な作業は，数値時間積分である．3+1 形式では $\gamma_{ij}$ と $K_{ij}$ の時間発展方程式を導出したが，これは $\Delta_f$ をラプラシアンとして，波動方程式 (3.1) を以下の形に分解するのと定性的には等価である：

$$
\eta := \partial_0 \phi, \quad \partial_0 \eta = \Delta_f \phi. \tag{3.8}
$$

この表式では，$\phi$ が $\gamma_{ij}$ に，$\eta$ が $K_{ij}$ に対応すると捉えればよい．よって，$\boldsymbol{X} := (\phi, \eta)$ に対する以下の時間 1 階の連立微分方程式

$$
\frac{d\boldsymbol{X}}{dx^0} = \boldsymbol{F}[\boldsymbol{X}] = (\eta, \Delta_f \phi), \tag{3.9}
$$

の積分を考えればよい．なお，$\Delta_f \phi$ は前節で紹介した空間差分で表される．

時間積分を行うのに頻繁に採用されるのが，ルンゲ・クッタ法である（文献 [6]）．$x^0 = x_n^0$ における $\boldsymbol{X}$ を $\boldsymbol{X}_n$ とすれば，ルンゲ・クッタ法では，$\boldsymbol{X}_{n+1}$ を

$$
\boldsymbol{X}_{n+1} = \boldsymbol{X}_n + \sum_{i=1}^{p} w_i \boldsymbol{k}_i, \tag{3.10}
$$

とおく．ここで，$\Delta x^0 (= c\Delta t)$ を数値計算における時間刻みとして，$\boldsymbol{k}_i$ は

$$
\boldsymbol{k}_i = \Delta x^0 \boldsymbol{F}\left[\boldsymbol{X}_n + \sum_{j=1}^{p} \alpha_{ij} \boldsymbol{k}_j, x^0 + c_i \Delta x^0\right],
$$

$$c_i = \sum_{j=1}^{p} \alpha_{ij} \quad (i = 1, 2, \ldots, p), \tag{3.11}$$

と表現される．なお，$w_i$ は重みを表し，また $\alpha_{ij}$ は，通常，$i \leq j$ に対して $\alpha_{ij} = 0$ を満たす定数とする．$p$ は時間の精度を決める整数で，精度が 4 次以下であれば，$p$ は精度の次数と一致する（つまり，4 次精度なら $p = 4$）．

ルンゲ・クッタ法には，精度が同じでも，$w_i$ と $\alpha_{ij}$ の選び方次第で様々な表式が存在するが，以下では代表的なものを記す．まず 2 次精度なら

$$\begin{aligned}
\boldsymbol{k}_1 &= \Delta x^0 \boldsymbol{F}[\boldsymbol{X}, x^0], \\
\boldsymbol{k}_2 &= \Delta x^0 \boldsymbol{F}\left[\boldsymbol{X} + \frac{1}{2}\boldsymbol{k}_1, x^0 + \frac{1}{2}\Delta x^0\right], \\
\boldsymbol{X}(x^0 + \Delta x^0) &= \boldsymbol{X}(x^0) + \boldsymbol{k}_2,
\end{aligned} \tag{3.12}$$

次に 3 次精度であれば，

$$\begin{aligned}
\boldsymbol{k}_1 &= \Delta x^0 \boldsymbol{F}[\boldsymbol{X}, x^0], \\
\boldsymbol{k}_2 &= \Delta x^0 \boldsymbol{F}\left[\boldsymbol{X} + \frac{1}{3}\boldsymbol{k}_1, x^0 + \frac{1}{3}\Delta x^0\right], \\
\boldsymbol{k}_3 &= \Delta x^0 \boldsymbol{F}\left[\boldsymbol{X} + \frac{2}{3}\boldsymbol{k}_2, x^0 + \frac{2}{3}\Delta x^0\right], \\
\boldsymbol{X}(x^0 + \Delta x^0) &= \boldsymbol{X}(x^0) + \frac{1}{4}(\boldsymbol{k}_1 + 3\boldsymbol{k}_3),
\end{aligned} \tag{3.13}$$

最後に 4 次精度であれば，

$$\begin{aligned}
\boldsymbol{k}_1 &= \Delta x^0 \boldsymbol{F}[\boldsymbol{X}, x^0], \\
\boldsymbol{k}_2 &= \Delta x^0 \boldsymbol{F}\left[\boldsymbol{X} + \frac{1}{2}\boldsymbol{k}_1, x^0 + \frac{1}{2}\Delta x^0\right], \\
\boldsymbol{k}_3 &= \Delta x^0 \boldsymbol{F}\left[\boldsymbol{X} + \frac{1}{2}\boldsymbol{k}_2, x^0 + \frac{1}{2}\Delta x^0\right], \\
\boldsymbol{k}_4 &= \Delta x^0 \boldsymbol{F}\left[\boldsymbol{X} + \boldsymbol{k}_3, x^0 + \Delta x^0\right], \\
\boldsymbol{X}(x^0 + \Delta x^0) &= \boldsymbol{X}(x^0) + \frac{1}{6}(\boldsymbol{k}_1 + 2\boldsymbol{k}_2 + 2\boldsymbol{k}_3 + \boldsymbol{k}_4),
\end{aligned} \tag{3.14}$$

が代表的である．しかし，数値相対論で実際に有用なのは 3 次と 4 次のルン

ゲ・クッタ法のみで，2 次のルンゲ・クッタ法は役に立たない．理由は，数値不安定性が発生するからだが，これについてまず簡単に述べよう．

ルンゲ・クッタ法による数値計算の安定性を調べるために，以下の簡単な方程式を考える：

$$\frac{dX}{dx^0} = \zeta X. \tag{3.15}$$

ここで $\zeta$ は，実部がゼロ以下の複素数とする．なお，$\zeta$ が純虚数の場合，$X$ は振動関数になる．これに対して，2, 3, 4 次精度のルンゲ・クッタ法を適用すると，$w_i$ や $\alpha_{ij}$ の選び方によらず，各々以下の式が得られる（文献 [6] 参照）：

$$X_{n+1} = X_n + \omega X_n + \frac{\omega^2}{2} X_n, \tag{3.16}$$

$$X_{n+1} = X_n + \omega X_n + \frac{\omega^2}{2} X_n + \frac{\omega^3}{6} X_n, \tag{3.17}$$

$$X_{n+1} = X_n + \omega X_n + \frac{\omega^2}{2} X_n + \frac{\omega^3}{6} X_n + \frac{\omega^4}{24} X_n. \tag{3.18}$$

なお上式では，$\omega := \zeta \Delta x^0$ を定義して用いた．

$\zeta$ の実部がゼロ以下なので，式 (3.15) の解は常に有限である．よって，数値解が発散に向かう振る舞いを示すのであれば，それは解法に問題があることを意味する．そこで，$X_{n+1}/X_n$ を考える．すると各精度に対して，

$$\frac{X_{n+1}}{X_n} = 1 + \omega + \frac{\omega^2}{2}, \tag{3.19}$$

$$\frac{X_{n+1}}{X_n} = 1 + \omega + \frac{\omega^2}{2} + \frac{\omega^3}{6}, \tag{3.20}$$

$$\frac{X_{n+1}}{X_n} = 1 + \omega + \frac{\omega^2}{2} + \frac{\omega^3}{6} + \frac{\omega^4}{24}, \tag{3.21}$$

と得られるが，$\omega$ は定数なので，$|X_{n+1}/X_n| > 1$ であれば，数値解が発散に向かうことを意味する．したがって，$|X_{n+1}/X_n| \leq 1$ となる $\omega$（すなわち $\Delta x^0$）のみが，数値計算では許される．

図 3.1 に $\omega$ として許される範囲を示した．注目すべきは，2 次精度のルンゲ・クッタ法を用いると，$\zeta$ が純虚数の場合に，いかなる $\Delta x^0$ を用いても，数

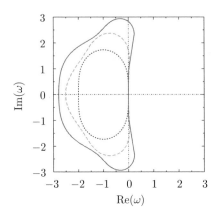

図 **3.1**　各閉曲線上およびその内部が $\omega$ の許容範囲を表す．実線，破線，点線は，それぞれ 4, 3, 2 次精度のルンゲ・クッタ法における許容範囲を示す．

値計算が不安定になる点である．つまり，2 次精度のルンゲ・クッタ法では，振動関数の時間発展を正確に追うことができない．波動方程式に従う関数は振動しながら伝搬するので，このような不安定性を示す手法を数値相対論では採用すべきではない．一方，3, 4 次精度のルンゲ・クッタ法に対する $\omega$ の許容範囲は，それらの有用性を示す．特に $\omega$ が純虚数の場合が重要だが，3 次精度なら $|\omega| \leq \sqrt{3}$ であれば，4 次精度なら $|\omega| \leq 2\sqrt{2}$ であれば，安定な数値計算が可能である．精度が向上するほど $\omega$ の許容範囲は急速に広がるが，これは許される $\Delta x^0$ が，精度が高いほど大きくてよいことを示している．精度の高いルンゲ・クッタ法を用いると，その分，$\Delta x^0$ あたりの演算数が増えるのだが，それを補うかのように大きな $\Delta x^0$ が許される．この性質があるので，数値相対論では，通常，4 次精度のルンゲ・クッタ法が使用される．

### 3.1.3　境界条件

　現実的な境界条件の設定も，数値相対論における重要な要素の 1 つである．第 2 章で示したように，$\gamma_{ij}$ や $K_{ij}$ の各成分は，$\phi$ 同様に波動方程式に従う．したがって，中心から十分に離れた領域では，これらは漸近的に

$$Q(r, x^0) = \frac{F(r - x^0)}{r}, \tag{3.22}$$

と振る舞うはずである．ここで $Q$ は，$\gamma_{ij}$，$K_{ij}$ の成分のいずれかを表し，ま
た $F$ は何らかの解析的な関数である．数値計算では，十分に広い計算領域を
用意し，外部境界で条件 (3.22) を課す．なお，数値相対論において中心から
十分に離れた領域とは，重力波の典型的な波長を $\lambda$ として $r \gtrsim \lambda$ を満たす領
域（すなわち波動帯）を指し，$\lambda$ の数倍程度まで計算領域を広げるのが典型
的である（3.3 節参照）．

　境界条件の具体的な設定法はいくつかあるが，ここでは最も簡単で効率的
と思われる手法を紹介する．まず，式 (3.22) を次式で表す：

$$r_o Q(r_o, x^0) = (r_o - \Delta x^0)Q(r_o - \Delta x^0, x^0 - \Delta x^0). \tag{3.23}$$

ここで，$r_o$ は境界上での $r$ の値を表す．この式は，ある時刻 $x^0$ での境界上
の $Q$ の値は，1 つ前の時間刻み $x^0 - \Delta x^0$ における，計算領域内で定義され
る $Q$ の値で書ける，ということを表している．

　時空点 $(r_o, x^0)$，$(r_o - \Delta x^0, x^0 - \Delta x^0)$ の位置関係を具体的に示したのが，図
3.2 である．左図は，縦軸を $x^0$，横軸を $r$ とした場合の外部境界近くの時空格
子構造を，右図は，例として赤道面上を考えた場合の外部境界近傍の空間格子
構造を表す．左図の格子点上（$x^0$ と $r$ の軸が交差する点上）にある黒四角の
点に境界条件を与える必要があるが，そこでの $rQ$ の値は黒丸点 $(x^0 - \Delta x^0,$
$r - \Delta x^0)$ と同じ値になる（式 (3.23) 参照）．したがって，黒丸点の情報をそ

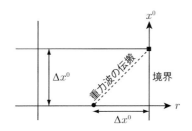
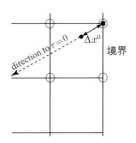

図 **3.2**　外部境界付近の格子構造と境界条件の与え方に関する概念図．左図：縦軸を
$x^0$，横軸を動径座標 $r$ とした場合の時空格子構造．右図：例として赤道面上
を考えた場合の空間格子構造．黒四角の点に境界条件を与えるには，黒丸の
点の情報が必要なことを表示．右図の白丸は空間格子点を表す．

のまま与えればよい．ただし通常は，黒丸点が格子点上には位置しないので，そこでの値を求めるには何らかの操作が必要になるが，右図の例で示されるように，格子点（白丸で表示）に囲まれた領域内に黒丸点が必ず位置するので，白丸点での値を用いて内挿を行えば黒丸点上での値は容易に求まる．

　なお，この境界条件は，重力ポテンシャルのように，遠方で $\Phi \propto 1/r$ と振る舞う変数に対しても有効である．なぜならば，$r\Phi$ が時間に依存せず，ほぼ一定なので，やはり，式 (3.23) と同じ条件が成り立つからである．BSSN 形式を用いる場合，例えば変数 $\psi$ は，ハミルトニアン拘束条件から示唆されるとおり，重力波の自由度を表すのではなく，遠方では重力ポテンシャルのように振る舞うが，この種の変数に対しても，境界条件 (3.23) は有効である．

### 3.1.4　クーラン・フリードリッヒ・レヴィ (CFL) 条件

　数値計算では時間刻み $\Delta x^0 (\Delta t)$ を設定しなくてはならないが，ルンゲ・クッタ法の解説（3.1.2 項）の際に述べたように，これに対してどんな大きな値でも取れるわけではない．安定に数値計算が実行できるのは，$\Delta x^0$ がある最大値よりも小さい場合のみである．波動方程式に対してこの条件（必要条件）を決めるのが，CFL 条件である（詳しくは文献 [1, 7] を参照のこと）．

　CFL 条件の概念を図 3.3 を用いて説明しよう．この図では，左右の図ともに，丸が時空上の格子点を，斜めの実線が光速度で決まる重力波や光の進路（光線）を模式的に表している．$\Delta t / \Delta x$ が，左図よりも右図で大きい点に注意してほしい．例えば，2 次精度の空間差分を用いて数値計算を行うとしよう．この場合，$x_j$ における空間差分は $x_{j-1}$, $x_j$, $x_{j+1}$ の情報を用いて表現される（式 (3.6) 参照）．左図では，$t = t_{n+1}$, $x = x_j$ で交差する 2 本の光線が $t = t_n$ において，点 $x_{j\pm1}$ に挟まれている．一方右図では，点 $x_{j\pm1}$ を挟むように 2 本の光線が位置する．3 点を用いる 2 次精度の空間差分では，$t_{n+1}$ における，$x_j$ の情報は，$t_n$ における $x_{j-1} \le x \le x_{j+1}$ の情報だけから決まるので，領域外の情報も本当は必要だったならば，差分法に原理的な問題があったことになる．左図の場合には，$(t_{n+1}, x_j)$ の量を，$t = t_n$ における $x_{j-1} \le x \le x_{j+1}$ の量だけを用いて決める 2 次精度の空間差分には，原理的な問題がない．他

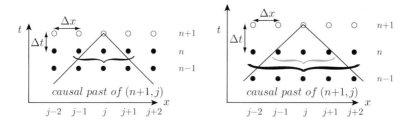

図 **3.3** CFL 条件に関する概念図. 左右両方の図とも, 丸が時空上の格子点を, 斜めの実線が重力波や光の進路 ($x = \pm ct$) を表す. $\Delta t$ と $\Delta x$ は時間刻み幅と格子間隔を表し, また $n$ と $j$ は, 時間方向と空間方向の格子点を表す整数である. $\Delta t / \Delta x$ が, 左図よりも右図で大きい点に注意.

方, 右図の場合には, $(t_{n+1}, x_j)$ の情報を決めるのに, $x_{j-1} \leq x \leq x_{j+1}$ の外の情報が本来は必要である. $\Delta t$ が大きすぎるからである. このような場合に2次精度の空間差分を用いれば, 因果関係が無視されることになってしまう. にもかかわらずこれを用いると, 数値計算は不安定になる. この数値不安定性が起きないための必要条件が, CFL 条件である. 上で述べたように, 2次精度の空間差分では, CFL 条件は $\Delta x^0 \leq \Delta x$ ($\Delta t \leq \Delta x/c$) と書かれる.

4次精度の空間差分を採用する場合, 空間5点を用いて差分を行うので条件が緩和する. 図 3.3 から即座にわかるように, CFL 条件が $\Delta x^0 \leq 2\Delta x$ ($\Delta t \leq 2\Delta x/c$) になる. つまり右図のような時間刻みが許されるのだ.

なお, CFL 条件は必要条件であり, 十分条件ではないことを指摘しておく. 取りうる $\Delta x^0 / \Delta x$ の最大値は, 時間積分法に依存するからである. 3.1.2 項で述べたように, 数値相対論では時間積分にルンゲ・クッタ法が採用されることが多い. しかし2次精度のものを用いると, 計算が不安定になることが知られている. つまり, CFL 条件によらず, 採用可能な $\Delta x^0$ が存在しない. また経験的に, 3, 4次精度のルンゲ・クッタ法を用いた場合でも, CFL 条件で許されるほどには大きな $\Delta x^0 / \Delta x$ が許されない. 例えば, 空間, 時間ともに4次精度の差分法を用いた場合, $\Delta x^0 / \Delta x$ の取りうる最大値は 1/2 程度である. 実際に, 空間, 時間ともに4次精度の差分法を用いて数値相対論の計算を行う場合, $\Delta x^0 \approx \Delta x/2$ と設定することが多い.

## 3.2    移流方程式の取り扱い

　数値相対論の基本方程式は波動方程式と似た形をもつが，異なる点もある．移流項が存在する点である．例えば，3+1 形式の基本方程式 (2.87) と (2.88)や BSSN 形式の基本方程式 (2.116)，(2.125) などからわかるとおり，時間微分に付随して，必ず $\beta^k$ に付随する移流項（$-\beta^k \partial_k \gamma_{ij}$ の形の項）が存在する．移流項は流体方程式にも現れるため，昔から，移流方程式に対して安定な数値計算を実行するための方法が研究されてきた．これについては，特に風上差分法がよく知られている．そこでこの節では，次の 1 階の偏微分方程式に対する風上差分法について解説する：

$$(\partial_0 + V\partial_x)\phi = 0. \tag{3.24}$$

簡単のため，$V$ は定数と仮定する．なお，この場合は一般解が $\phi = F(x - Vx^0)$と書けるので，数値解の精度を容易に確認することができる．

　まずは，式 (3.24) を空間 2 次精度の中心差分を用いて数値的に解くことを考えよう．時間積分には，あえて 2 次精度のルンゲ・クッタ法を用いる．3.1.2項で見たように，時間 2 次精度のルンゲ・クッタ法を用いると単純には安定な数値計算ができないのだが，風上差分を用いることによりこの問題が解決することを後に示す．

　さてこの場合，差分式は次式で書かれる：

$$\begin{aligned}
\phi_j^{n+1/2} &= \phi_j^n - \frac{\nu}{2}\left(\phi_{j+1}^n - \phi_{j-1}^n\right), \\
\phi_j^{n+1} &= \phi_j^n - \nu\left(\phi_{j+1}^{n+1/2} - \phi_{j-1}^{n+1/2}\right).
\end{aligned} \tag{3.25}$$

ここで $n$ が時間ステップを，$j$ が差分に用いる空間格子点を表す．この差分式は，時間ステップ $n$ から $n+1$ の積分を，$j$ 番目の格子点に対して表した式である．空間格子は一様であるとした．また $\nu = |V|\Delta x^0/\Delta x$ である．

　すでに述べたように，この差分法では安定に数値計算を長時間実行することができないのだが，それはフォン・ノイマン (Von Neumann) 解析を行う

ことでわかる（文献 [1, 7] 参照）．そのためにまず，$\phi$ に対する解を多数の波数からなる波の重ね合わせとして書こう．つまり，$\phi(x) = \sum_k A_k \exp(ikx)$，とフーリエ級数で表す．式 (3.24) は線形の偏微分方程式なので，本来 $A_k$ は時間変化しないはずだが，それが数値計算でどうなるか調べるために

$$\phi_j^n = A_k q_k^n \exp(ikj\Delta x), \tag{3.26}$$

の形に振る舞うと仮定しよう．ここで $q_k$ は，時間ステップ $n$ から $n+1$ に向かうときの，波数 $k$ をもつ波の振幅の変化具合を表す量である．すでに述べたとおり，$q_k$ は 1 になるはずだが，数値計算ではこれは全く保証されない．特に $|q_k|$ が 1 を超えるようだと，振幅が増幅してしまい計算が不安定になり，最終的に破綻する．つまり安定性の条件は $|q_k| \leq 1$ である．

さて式 (3.26) を式 (3.25) に代入しよう．すると簡単な計算から，

$$|q_k|^2 = 1 + 4(\nu \sin \theta)^4 > 1, \tag{3.27}$$

が得られる．ここで $\theta = k\Delta x$ である．よって，$k$ によらず振幅は増幅してしまい，計算が不安定化することがわかる．これは 2 次のルンゲ・クッタ法を用いたことにもよるが，中心差分を用いたことにも原因がある．

そこで風上差分を考える．この方法では，空間 2 次精度を保ちながらも，$V$ の符号を判別し，風上側の量を用いて差分法を以下のように定める：

$$\phi_j^{n+1/2} = \phi_j^n - \frac{\nu}{4} \begin{cases} 3\phi_j^n - 4\phi_{j-1}^n + \phi_{j-2}^n & V > 0, \\ -\phi_{j+2}^n + 4\phi_{j+1}^n - 3\phi_j^n & V < 0, \end{cases} \tag{3.28}$$

$$\phi_j^{n+1} = \phi_j^n - \frac{\nu}{2} \begin{cases} 3\phi_j^{n+1/2} - 4\phi_{j-1}^{n+1/2} + \phi_{j-2}^{n+1/2} & V > 0, \\ -\phi_{j+2}^{n+1/2} + 4\phi_{j+1}^{n+1/2} - 3\phi_j^{n+1/2} & V < 0. \end{cases} \tag{3.29}$$

これに対してフォン・ノイマン解析を実行すると，次式が得られる：

$$|q_k|^2 = 1 - 2\nu(1 - \cos\theta)^2 + 2\nu^2(1 - \cos\theta)^4 - \nu^3(1 - \cos\theta)^3(5 - 3\cos\theta)$$
$$+ \frac{\nu^4}{4}(1 - \cos\theta)^2(5 - 3\cos\theta)^2. \tag{3.30}$$

質的に式 (3.27) から変化したのは, $\nu$ の奇数次の負の項が現れる点である. これは, 空間差分が散逸的になったことを意味する. ここで, CFL 条件を考慮すれば, $\nu$ は1より小さくなくてはならない. したがって, $\nu$ の次数の小さい項は, より大きい次数の項よりも絶対値が大きい. よって, 式 (3.30) の値は1よりも小さくなる. その結果, 振幅が増幅し不安定性が発生する問題が回避され, 安定な数値計算が可能になる. これが風上差分法の利点である. 数値相対論の移流項に対しても, 風上差分が適用されるのが標準的である.

ただし, 風上差分を用いると計算が散逸的になり, 勾配の急な量を計算する場合に精度が悪くなる. そのため, 高次精度の差分法を用いることが要求される. 事実, 数値相対論では, 次式で与えられる4次精度の風上差分が標準的に用いられる :

$$\partial_x \phi = \frac{1}{12\Delta x} \begin{cases} 3\phi_{j+1}^n + 10\phi_j^n - 18\phi_{j-1}^n + 6\phi_{j-2}^n - \phi_{j-3}^n & V > 0, \\ -3\phi_{j-1}^n - 10\phi_j^n + 18\phi_{j+1}^n - 6\phi_{j+2}^n + \phi_{j+3}^n & V < 0. \end{cases}$$

$$(3.31)$$

なお風上差分でなく風下差分を採用した場合には, 式 (3.30) において $\nu < 0$ に対応する式が得られ, $|q_k| > 1$ になることがわかる. したがって, 風下差分を行うと, 当然ながら, 数値計算は不安定になる.

## 3.3　適合階層格子法

数値相対論において, 重力波の正確な波形の導出が目的の1つである場合, 様々なスケールの量を精度良く取り扱うことが必要になる. 例として連星系を考えよう. まず, 連星を構成する天体 (ブラックホールあるいは中性子星) の運動を精度良く求めなくてはならない. そのためには, 連星の構成要素の半径 $R$ を十分に多数の格子点でカバーする格子構造が必要になる. 一様格子を仮定し格子間隔を $\Delta x$ とすれば, 経験的に $R/\Delta x$ は, ブラックホールであれば40以上, 中性子星であれば100以上が必要である. 一方, 重力波の波形も精度良く導出しなくてはならない. そのためには, 波動帯で重力波を抽

出する必要がある．つまり，重力波の典型的な波長 $\lambda$ に対して，$r = 2\lambda \sim 3\lambda$ 程度まで広がった計算領域を用意し，数値計算を行う必要がある．

連星が円軌道にあるとすれば，重力波の波長は，連星間距離を $a$，連星の合計質量を $M$ として，$\lambda = \pi c \sqrt{a^3/GM}$ と書ける．これを $R$ で割ると

$$\frac{\lambda}{R} = \pi \left( \frac{a}{R} \right) \left( \frac{c^2 a}{GM} \right)^{1/2} \tag{3.32}$$

が得られる．$a/R (\gtrsim 3)$ も $c^2 a/GM (\gtrsim 5)$ も 1 よりも有意に大きい無次元量なので，仮に近接連星のみに着目しても，重力波の波長が $R$ の数十倍であることがわかる．したがって，各天体を十分に解像しながら，$r > \lambda$ まで広がった計算領域を一様格子間隔で覆うことを考えると，3 次元座標の各方向に対して最低でも $2\lambda/\Delta x \gtrsim 2000$ の巨大な格子数が必要になる．

しかし，重力波の抽出だけを精度良く行うには，重力波の波長を数十の格子点で覆えれば十分である．したがって，連星の近傍では十分に小さい $\Delta x$ を用意する一方で，重力波を抽出する遠方ではその数十倍の格子間隔をもつ格子構造を用意すれば十分のはずである．この目的にかなった計算法，つまり必要な領域に必要なだけの解像度を用意する計算法が，適合階層格子法である．

図 3.4 に，適合階層格子法を用いる際の格子構造の模式図を示した．図には 4 つの異なる解像度および体積をもつ合計 7 つの計算領域（四角で表示）が描かれているが，現実的には必要に応じて解像度の異なる階層を，より多数設定する．そして，各計算領域に対して各方向数百程度の格子数（図の $N_S$

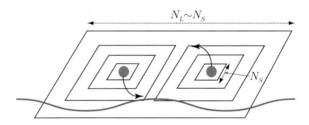

**図 3.4** 適合階層格子法における格子構造の模式図．波線が重力波を，塗りつぶしの丸が各天体を表す．詳しくは本文参照．

や $N_L$ に対応）を用意する．最小体積の（最高解像度の）階層は，各天体の構造や運動を十分に精度良く計算するために用意され，大きな体積の階層は，重力波の抽出を正確に行うために用意される．なお中間階層は，最高解像度の階層から最大体積の階層まで解像度ができる限り連続的に変化するように用意される（次段落参照）．また各天体の動きに合わせて解像度の高い計算領域が移動するように，計算プログラムは設計される．このような階層格子構造を設定することにより，計算コストが大幅に節約される．具体的には，一様格子を用意する際には最低でも $(2\lambda/\Delta x)^3 \sim 10^{10}$ も必要だった格子数が，階層数を10程度としても，$10(2.5R/\Delta x)^3 \sim 10^8$ 程度にまで節約され，その分演算数が削減される．また，時間積分のステップ $\Delta x^0$ は，3.1.4項で述べたように CFL 条件でおよそ決まるが，解像度の低い階層では格子間隔が広いため，これを大きく取れる．よって，その分，さらに計算コストが削減される．

　適合階層格子法を用いる際に最も非自明なのが，各計算領域の境界に物理量を補う方法である．差分法では常に隣の数点が必要なため，境界で差分を行うにはその外側数点に物理量を与えなくてはならない．最大体積の階層に関しては，3.1.3項で述べた方法で境界条件を与えればよい．一方，他の階層に対しては，より広い領域を覆う階層（つまり解像度のより低い階層）からの内挿で物理量を決めなくてはならない．ここで内挿は，空間方向だけでなく時間方向にも実行する必要がある（各階層で $\Delta x^0$ が異なるため）．時間積分に対しては通常，ルンゲ・クッタ法のように多段階ステップの操作を行う方法が用いられるので，時間方向の内挿については特に注意深い考察が必要になる．また内挿法は，精度を保証すると同時に，数値計算の安定性を保証するものでなくてはならない．そのために，多数の中間的階層が用意される．

　具体的な内挿法に関しては話が細かくなりすぎるので，詳細な記述は避け，現在しばしば用いられる方法の要点だけを述べよう．まず空間方向の内挿に関しては，高次のラグランジュ法が通常用いられる．内挿の精度は，空間差分の精度よりも高く取る．例えば，4次精度の空間差分を採用する場合には，6次精度の内挿公式が採用される．3次元空間の内挿なので演算量は少々増えるが，作業はシンプルである．

　時間方向の内挿を行う場合，内挿を実行するタイミングをまず決める必要
がある．例えば4次精度のルンゲ・クッタ法を用いて時間積分を行う場合，4
つの各サブステップごとに時間方向の内挿を行うとすると，作業が大変煩雑
になる．そこで通常は，サブステップの時間発展を行う前に一度だけ時間方
向の内挿を行う．しかしすでに述べたように，差分法では隣接する数格子点
の情報が各サブステップごとに必要である．これを時間方向の内挿を行わず
に供給するには，その境界の外側の領域を内側の領域と同様に時間発展させ，
決める必要が生じる．数値相対論では，仮に空間差分の精度が4次であれば，
1回のサブステップごとに片側3つの隣接する格子点が必要になる．4次精
度のルンゲ・クッタ法を採用するならば4回サブステップがあるので，合計
12点，境界の外の格子点が必要になる．そこで，各計算領域に対して，バッ
ファ領域と呼ばれる境界の外領域に12の格子点を付随させる（図3.5参照）．
そしてその部分も含めて，ルンゲ・クッタ時間積分を始める前にまずは時間

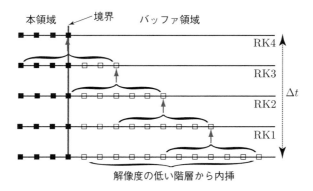

図 **3.5**　適合階層格子法における各計算領域の境界近傍での典型的な格子構造および
時間積分法についての模式図．本来の計算領域の外側にバッファ領域が用意
される．ルンゲ・クッタ法によって時間積分を行う前段階で，バッファ領域
のデータを，解像度がより低い階層のデータを用いた時間内挿および空間内
挿により決める．4次精度のルンゲ・クッタ法を用いる場合，バッファ領域
12点に対してまずはデータを与える．その後，バッファ領域も本領域と同様
に (データが許す範囲内で)，ルンゲ・クッタ法を用いて時間積分を行う．黒
四角，白四角の点がそれぞれ本領域，バッファ領域のデータ点を表す．また，
RK1〜RK4 はそれぞれ，ルンゲ・クッタ法の1〜4回目のサブステップを表
す．詳しくは本文参照のこと．

方向（および空間方向）の内挿作業を行い，その後，ルンゲ・クッタ法の 1,
2, 3 回サブステップごとにバッファ領域の内側から 9 点，6 点，3 点において
も主領域と同様に時間積分を実行する.

　このように階層多層格子法を実装するには，少々複雑なプログラミングが
必要になる. しかしこれを実装すれば大幅な計算コストの節約が実現される
ため，実装にかかる労力に見合った見返りが十分にある.

# 第4章

# 物質場に対する相対論的運動方程式

物質が存在する時空の時間発展を調べるには，アインシュタイン方程式に加えて，物質場に対する方程式を解かなくてはならない．この章では，数値相対論において解くことが求められる各種の物質場の方程式，および相対論的流体計算で必須である4元速度の時間成分の決定法について解説する．

## 4.1 運動方程式の 3+1 形式

物質が存在する場合に最低限解かなくてはならない式が，$T_{\mu\nu}$ に対する運動方程式 (2.8) である．そこでまずは，この式の 3+1 形式を導出する．このためには $T_{\mu\nu}$ の 3+1 分解が必要だが，それは式 (2.69)，(2.70) ですでに定義した．以下では，$S_i := \sqrt{\gamma} J_i$, $S_0 := \sqrt{\gamma} \rho_h$ をさらに定義し，これらに対する発展方程式を運動方程式 (2.8) から導出する．

運動方程式 (2.8) の 3+1 形式を導出するために，まずは，それに対する空間的射影と時間的射影を以下のように取る：

$$\gamma_i{}^\mu \nabla_\nu T^\nu{}_\mu = 0, \tag{4.1}$$

$$n^\mu \nabla_\nu T^\nu{}_\mu = 0. \tag{4.2}$$

流体であれば，それぞれが一般相対論的なオイラー方程式とエネルギー方程式を導く．さて，式 (2.69) や以下の関係式を用いると，

$$\nabla_\nu T^\nu{}_\mu = \frac{1}{\sqrt{-g}} \partial_\nu \left( \sqrt{-g} \, T^\nu{}_\mu \right) - \frac{1}{2} T^{\alpha\beta} \partial_\mu g_{\alpha\beta}, \tag{4.3}$$

$$T^{\mu\nu}\partial_k g_{\mu\nu} = \frac{1}{\alpha}\left(-2\rho_{\mathrm{h}}\partial_k\alpha + 2J_i\partial_k\beta^i - \alpha S_{ij}\partial_k\gamma^{ij}\right), \qquad (4.4)$$

式 (4.1) は，次のように書き換えられる（$\sqrt{-g} = \alpha\sqrt{\gamma}$ にも注意）：

$$0 = \gamma_k{}^\mu\nabla_\nu T^\nu{}_\mu = \frac{1}{\alpha\sqrt{\gamma}}\left[\partial_0 S_k + \partial_i\left(\alpha\sqrt{\gamma}S^i{}_k - \beta^i S_k\right)\right]$$
$$-\frac{1}{\alpha}\left(-\rho_{\mathrm{h}}\partial_k\alpha + J_i\partial_k\beta^i - \frac{1}{2}\alpha S_{ij}\partial_k\gamma^{ij}\right). \quad (4.5)$$

よって最終的に，運動方程式が次の形に導かれる：

$$\partial_0 S_k + \partial_i\left(\alpha\sqrt{\gamma}S^i{}_k - \beta^i S_k\right) = -S_0\partial_k\alpha + S_i\partial_k\beta^i - \frac{1}{2}\alpha\sqrt{\gamma}S_{ij}\partial_k\gamma^{ij}. \tag{4.6}$$

式 (4.2) については，以下のように変形するとよい：

$$0 = n^\mu\nabla_\nu T^\nu{}_\mu = \nabla_\nu(T^\nu{}_\mu n^\mu) - T^{\mu\nu}\nabla_\nu n_\mu$$
$$= -\nabla_\nu\left(\rho_{\mathrm{h}}n^\nu + J^\nu\right) + T^{\mu\nu}(K_{\mu\nu} + n_\mu a_\nu)$$
$$= -\frac{1}{\sqrt{-g}}\left[\partial_0 S_0 + \partial_i\left(-S_0\beta^i + \alpha S^i\right)\right] + S^{ij}K_{ij} - J^i a_i. \quad (4.7)$$

ここで，$\nabla_\nu n_\mu$ に対して式 (2.49) を利用した．$a_i = D_i\ln\alpha$ に注意すると，式 (4.7) から，次の形にエネルギー方程式が得られる：

$$\partial_0 S_0 + \partial_i\left(-S_0\beta^i + \alpha S^i\right) = \alpha\sqrt{\gamma}S^{ij}K_{ij} - S_i D^i\alpha. \qquad (4.8)$$

以下の節では，式 (4.6) と (4.8) を繰り返し活用していく．

## 4.2 流体方程式

　宇宙における天体現象の多くは，流体現象として取り扱うことができる．物質を構成する原子や分子同士の散乱頻度が十分に高く，平均自由行程が対象となる系のスケールに比べて十分に小さいため，粒子としての効果が無視

できるからである（他方，ごく低い密度で起きる現象には流体力学は適用できない）．この節ではまず，理想流体に対する基本方程式を紹介する．

### 4.2.1 基本的な場合

理想流体のエネルギー運動量テンソルは，式 (2.152) で与えられる．単位質量あたりのエンタルピー $h$ を静止質量密度 $\rho$，単位質量あたりの内部エネルギー $\varepsilon$，圧力 $P$ を用いて $h = c^2 + \varepsilon + P/\rho$ と書き下せば，これは次の形で表される：

$$T_{\mu\nu} = (\rho c^2 + \rho\varepsilon + P)u_\mu u_\nu + P g_{\mu\nu}. \tag{4.9}$$

なお，この節でも $t$ の代わりに時間座標として $x^0 = ct$ を採用する．その場合，$u^\mu$，$u_\mu$ ともにすべての成分が次元をもたない量とみなせる．

以下この小節では，状態方程式が $P = P(\rho, \varepsilon)$ のように簡単に書ける場合の流体方程式について記述する．この場合，流体諸量で定義される 5 成分（$S_i$，$S_0$，および $\rho u^0 \sqrt{-g}$）が独立変数になり，これらに対する時間発展方程式が必要になる．

4.1 節において運動方程式 (4.6) とエネルギー方程式 (4.8) の一般形を導出したので，$S_i$，$S_0$，$S_{ij}$ を流体量で表せば，流体に対するオイラー方程式とエネルギー方程式が導出される．式 (2.152) から，それらは即座に

$$S_i = \sqrt{\gamma}\rho w h u_i, \tag{4.10}$$

$$S_0 = \sqrt{\gamma}(\rho h w^2 - P), \tag{4.11}$$

$$S_{ij} = \rho h u_i u_j + P\gamma_{ij}, \tag{4.12}$$

と導かれる．ここで，$w := -u^a n_a = \alpha u^0$ である．$u^0$ は 4 元速度の規格化条件 $u^\mu u_\mu = -1$ から決まるが，それは次のように書き直せる：

$$w = \alpha u^0 = \sqrt{1 + \gamma^{ij}u_i u_j}. \tag{4.13}$$

なお $w$ は，一般相対論的なローレンツ因子と解釈される．

関係式, $\alpha\sqrt{\gamma}S^j{}_k - \beta^j S_k = S_k v^j + P\alpha\sqrt{\gamma}\delta^j{}_k$, を式 (4.6) に代入すると, オイラー方程式が次の形に得られる:

$$\partial_0 S_i + \partial_k \left( S_i v^k + P\alpha\sqrt{\gamma}\delta^k{}_i \right) = -S_0\partial_i\alpha + S_k\partial_i\beta^k - \frac{1}{2}\alpha\sqrt{\gamma}S_{jk}\partial_i\gamma^{jk}.$$
(4.14)

ここで 3 元速度 $v^i$ は $v^i := u^i/u^0 (= dx^i/dx^0)$ と定義され, 次式に帰着する:

$$v^i = -\beta^i + \gamma^{ij}\frac{u_j}{u^0}.$$
(4.15)

なお, $u_i = u_\mu\gamma^\mu{}_i$ は成り立つが, $u^i$ は $\gamma^{ij}u_j$ とは一般的には一致しない. よって, 3+1 形式において $u_i$ から $v^i$ を求めるには, 式 (4.15) が必要になる.

次に, $-S_0\beta^i + \alpha S^i = P(v^i + \beta^i)\sqrt{\gamma} + S_0 v^i$ を式 (4.8) に代入すると, エネルギー方程式が次の形に得られる:

$$\partial_0 S_0 + \partial_i \left[ S_0 v^i + P(v^i + \beta^i)\sqrt{\gamma} \right] = \alpha\sqrt{\gamma}S_{ij}K^{ij} - S_i D^i\alpha. \quad (4.16)$$

オイラー方程式 (4.14), エネルギー方程式 (4.16) ともに, 計量が含まれる分, 非相対論の場合に比べて式が多少複雑になる. しかしそれらは, 結局のところ, 左辺の移流項と右辺の重力項だけからなり, 非相対論の場合と本質的には変わらないことを認識していただきたい. なお, 平坦時空の場合には (つまり特殊相対論の場合には), 式 (4.14), (4.16) がともに保存形に帰着し, $S_i$ と $S_0$ の体積積分が保存量 (系の全運動量と全エネルギー) になることが, これらの方程式では明確になっている.

ここまでに方程式を 4 成分導出したが, 独立変数は 5 成分なので, 5 つ目の方程式が必要である. それは, 静止質量が保存すべきであるという物理的要請から導出され, $\rho$, $u^\mu$ を用いて次のように共変形で表される:

$$\nabla_\mu(\rho u^\mu) = 0.$$
(4.17)

この式は連続の式と呼ばれる. これに対して関係式,

$$\nabla_\mu(\rho u^\mu) = \frac{1}{\sqrt{-g}}\partial_\mu(\sqrt{-g}\,\rho u^\mu), \tag{4.18}$$

を用い，さらに重み付けした静止質量密度，$\rho_* := \rho\sqrt{-g}u^0 = \rho w\sqrt{\gamma}$，を定義すると，非相対論的な連続の式と同じ形の式が，以下のように導出される：

$$\partial_0\rho_* + \partial_i(\rho_* v^i) = 0. \tag{4.19}$$

なお，式 (4.19) から，保存量としての全静止質量，$M_0$，が定義される：

$$M_0 := \int d^3x\,\rho_* = \int d^3x\,\rho\sqrt{-g}u^0. \tag{4.20}$$

$\rho_*$ を用いると，$S_i$ と $S_0$ は次のように表される：

$$S_i = \rho_* h u_i, \qquad S_0 = \rho_*\left(hw - \frac{P}{\rho w}\right). \tag{4.21}$$

したがって，$hu_i$ と $e_0 := hw - P/(\rho w)$ は，単位静止質量あたりの運動量とエネルギー（単位静止質量あたりの静止質量エネルギー，運動エネルギー，内部エネルギーの和）を表す量と解釈される．なお非相対論極限では，これらはそれぞれ，$u_i$ と $c^2 + v^2/2 + \varepsilon$ に帰着する．

　以上をまとめると，基本方程式 (4.14)，(4.16)，(4.19) によって，$S_i$，$S_0$，$\rho_*$ の時間発展が決まる．これらが求まれば，より根本的な量である $\rho$，$\varepsilon$，$P$，$u^\mu$ は，状態方程式や $u^\mu$ の規格化条件を利用して求められる．しかしそれらを，$S_i$，$S_0$，$\rho_*$ から直接的に得ることはできない．例えば，$S_i/\rho_*$ から決まるのは $hu_i$ であり，$h$ が決まらないと $u_i$ は得られない．そこで以下では，いかにして $h$ や $u_i$ を決めればよいのかについて説明しよう．

　すでに述べたように，$u^\mu$ の規格化条件から $w$ と $u_i$ の関係式が得られ，さらに $u_i$ を $S_i$ と $\rho_*$ を用いて書くと，次式が得られる：

$$(hw)^2 = h^2 + h^2\gamma^{ij}u_i u_j = h^2 + \gamma^{ij}\frac{S_i S_j}{\rho_*^2}. \tag{4.22}$$

ここで，$\rho_*$，$S_i$，$\gamma^{ij}$ は，各時刻において発展方程式を解けば決まる量なので，式 (4.22) は $w$ と $h$ の関係を与える式とみなせる．$w$ と $h$ を決定するにはさ

らに式が必要だが，それには $S_0$ の定義式が対応し，これを以下の形に書く：

$$e_0 = \frac{S_0}{\rho_*} = hw - \frac{P\sqrt{\gamma}}{\rho_*}. \tag{4.23}$$

ここで $S_0$ と $\rho_*$ はそれらの発展方程式によって決まるので，$e_0$ が求まる．ま
た，状態方程式に対して $P = P(\rho, \varepsilon)$ の形を仮定したので，$\rho = \rho_*/(w\sqrt{\gamma})$ と
$h$ の定義式を思い出せば，$P$ も $w$ と $h$ の関数とみなせる．よって，式 (4.23)
も，与えられた $\gamma$，$S_0$，$\rho_*$ に対して，$w$ と $h$ の関係式を与える．その結果，
式 (4.22) と (4.23) は，$w$ と $h$ に対する連立方程式になり，これを各格子点で
解けば $w$ と $h$ が求まる．

　例として，次の理想気体の状態方程式を考えよう：

$$P = (\Gamma - 1)\rho\varepsilon. \tag{4.24}$$

ここで $\Gamma$ は断熱定数である．この場合，$h = c^2 + \Gamma\varepsilon$ なので，状態方程式は
次の形に書き換えることができる：

$$P = \frac{\Gamma - 1}{\Gamma}\rho(h - c^2). \tag{4.25}$$

これを式 (4.23) に代入すると，次式が得られる：

$$e_0 = hw - \frac{\Gamma - 1}{\Gamma}\frac{h(h - c^2)}{hw}. \tag{4.26}$$

さらに式 (4.22) と (4.26) から $hw$ を消去すると，最終的に次式が得られる：

$$e_0^2(h^2 + q^2) - \Gamma^{-2}[h^2 + (\Gamma - 1)hc^2 + \Gamma q^2]^2 = 0. \tag{4.27}$$

ここで $q^2 := \gamma^{ij}S_iS_j\rho_*^{-2}$ であり，これは発展方程式で決められる量だけで書
かれている．よって，式 (4.27) は与えられた量を係数とする $h$ に対する 4 次
方程式とみなされる．この式を解いて $h$ を決めれば，次に式 (4.26) から $w$ を
求めることができる．

　より複雑な状態方程式の場合には，$w$ あるいは $h$ に対して，より複雑な

代数方程式が得られる．しかし所詮は代数方程式なので，数値解を求める
のに大きな困難はない．なお $w$ や $h$ が得られれば，順次 $\rho\,(= \rho_*/(w\sqrt{\gamma}))$,
$u_i\,(= S_i/(\rho_* h))$, $\varepsilon$, $P$ を求めることができ，流体諸量がすべて決定される．

### 4.2.2 物理素過程を考慮した場合

4.2.1 項では，流体方程式が 5 成分だけからなり，しかも状態方程式が $P(\rho, \varepsilon)$
と書かれる最も簡単な場合を紹介した．より現実的な系では，$P$ と $\varepsilon$ が，流
体の密度，組成，温度 $(T)$ の関数として表される．したがって組成に対する
発展方程式も解くことが求められる．

数値相対論では，中性子星同士の合体や重力崩壊型超新星爆発のように高
温・高密度の状態が実現する現象を対象にすることが多いが，これらの現象
を記述する状態方程式は，しばしば，$P = P(\rho, T, Y_e)$, $\varepsilon = \varepsilon(\rho, T, Y_e)$ の形
で表される．ここで，$Y_e$ は核子（陽子または中性子）の数あたりの電子の数
（いわゆる電子濃度）を表す．この場合，$S_i$, $S_0$, $\rho_*$ に加えて，$Y_e$ に対する
発展方程式も解かなくてはならない．$\gamma_e$ と $\gamma_{e+}$ が，それぞれ，流体静止系で
観測した，核子による電子および陽電子の吸収率を表すとすれば，$Y_e$ の基本
方程式は次式で与えられる：

$$u^\mu \nabla_\mu Y_e = -\gamma_e + \gamma_{e+}. \tag{4.28}$$

なお，$\gamma_e$, $\gamma_{e+}$ も $P$, $\varepsilon$ 同様に，$\rho$, $T$, $Y_e$ の関数である．

式 (4.28) に $\rho$ を掛けて，連続の式 (4.17) を用いると，

$$\nabla_\mu(\rho Y_e u^\mu) = -\rho(\gamma_e - \gamma_{e+}), \tag{4.29}$$

と書き換えることができる．さらに，座標成分を用いて書き下すと，最終的
に，$\rho_* Y_e$ に対する増減のある連続の式が得られる：

$$\partial_0(\rho_* Y_e) + \partial_k \left( \rho_* Y_e v^k \right) = -\rho\sqrt{-g}\,(\gamma_e - \gamma_{e+}). \tag{4.30}$$

### 4.2.3 流体方程式に対する数値計算法について

ここまでの 2 つの小節で示したように，連続の式，オイラー方程式，エネ

ルギー方程式からなる一般相対論的流体方程式の形は，計量に付随する項が
若干現れる以外は，非相対論あるいは特殊相対論におけるそれらと同様に，

$$\partial_0 Q_a + \partial_i F_a^i = G_a \tag{4.31}$$

の形に書かれる．ここで $Q_a$ は $\rho_*$, $S_0$, $S_i$ などの時間発展させる成分を，$\partial_i F_a^i$
がそれらの移流を，そして $G_a$ は流体方程式の右辺に現れる重力の効果を代表
して表している．基本方程式が同じ形をしているので，数値流体力学で脈々
と開発されてきた方法を，数値計算ではそのまま用いることができる．

　流体力学方程式を解くにあたって，最も注意を要するのが，移流項，$\partial_i F_a^i$，
の取り扱い方である．3.2 節でも述べたように，この部分を単純に中心差分で
評価すると，往々にして計算が不安定化して破綻する．そこで風上差分を用
いて安定化させるのが常套手段になるのだが，3.2 節で触れたように，風上差
分では散逸が導入されるため精度が落ちやすい．具体的には，密度変化が急
激な領域などで，解が不正確になりやすい（急激な変化が鈍って表現されて
しまう）．この欠点を補うために，数値流体力学分野では，差分の精度を上げ
る努力が脈々となされてきた（例えば文献 [7] を参照）．詳しい説明は省くが，
最近の一般相対論的数値流体計算は，差分の空間精度を最低でも 3 次，標準
的には 5 次程度に向上させて実行される．

　流体力学の特徴は，あらゆる量に不連続面が現れることである．例えば，密
度，圧力，速度などには簡単に不連続面が現れる．不連続面では，それらの
量の微分が発散するので，3.2 節で行ったようなテーラー展開を基本にした差
分法を採用できない．この点は，連続性が保証されていた計量の場合とは大
きく異なる．仮に不連続領域近傍でテーラー展開に基づく高次精度の差分法
を採用すると，数値解に振動が現れ，現実的な状況を正しく再現できなくな
る．したがって，不連続な領域と連続な領域を区別した差分法を採用しなく
てはならない．具体的には，連続な領域ではテーラー展開（あるいはそれに
準ずる展開）を利用した高次の差分法を採用し，不連続な領域では差分法を
一次精度に落とすのである．そしてこれを調整するのが，制限関数と呼ばれ
る関数である．数値流体計算では，制限関数の良し悪しが計算の質を決める

と言っても過言ではない（より詳しくは文献 [7] を参照）．精度の向上と制限関数の改良に関する研究は，現在でも脈々と続けられている．

相対論的流体力学が非相対論の場合と異なる点として，$u^\mu$ に対する規格化条件が存在し，$u^0$（または $w$）を求めなくてはならない点が挙げられる．理想流体力学の場合なら，4.2.1 項で見たように，この作業は単純である．磁気流体力学や粘性流体力学の場合には，$w$ と $h$ に対するやや複雑な連立方程式を解く必要があるが，大抵の場合は理想流体力学の場合と同様に困難なく解が得られる．ただし，磁気流体力学において，特に物質の運動速度が光速度に近い場合には，数値誤差のせいで連立方程式の解が見つからない事態にしばしば遭遇する．これは，低密度領域に強磁場が存在する場合（磁場のエネルギー密度が物質の静止質量エネルギー密度を超える場合）にしばしば起きる．この問題を正確に扱える数値解法は，筆者の知る限り，今のところ存在しない．これに対処できる数値計算法を開発することは，今後の課題である．

## 4.3 磁気流体方程式

宇宙には，磁場が大きな影響を及ぼす現象が数多く存在する．中性子星同士の合体や重力崩壊型超新星爆発でも，磁気流体効果が本質的に重要になると推測されている．したがって，これらの現象を理論的に調べるには，磁気流体方程式と電磁場の方程式を解かなくてはならない．

電磁場が存在する場合でも前節と同様に，電磁気流体の発展方程式は系全体のエネルギー運動量テンソルの保存則 (2.8) から導出される．今の場合，$T_{\mu\nu}$ は流体と電磁場のエネルギー運動量テンソルの和で書かれる．理想流体のエネルギー運動量テンソルは以前と同様に式 (4.9) で与えられ，電磁場のエネルギー運動量テンソルは，電磁場テンソル $F^{\mu\nu}$ を用いて次式で表される：

$$T_{\mu\nu}^{\mathrm{EM}} = \frac{1}{4\pi}\left(F_{\mu\alpha}F_{\nu}^{\ \alpha} - \frac{1}{4}g_{\mu\nu}F_{\alpha\beta}F^{\alpha\beta}\right). \tag{4.32}$$

電磁場テンソルは電場と磁場で書かれるが，電磁場は観測者に依存するベク

トル量なので，それらを定義するには観測者の基準系を決めなくてはならない．まずは，流体の静止系で定義した電場 $e^\mu$ と磁場 $b^\mu$ を用いてみよう．この場合，電磁場テンソルは，流体の 4 元速度 $u^\mu$ を用いて次の形で表される：

$$F^{\mu\nu} = u^\mu e^\nu - u^\nu e^\mu + u_\alpha \epsilon^{\alpha\mu\nu\beta} b_\beta. \tag{4.33}$$

ここで $\epsilon_{\alpha\mu\nu\beta}$ は，曲がった時空における完全反対称テンソルを表す．また，電場と磁場は $e^\mu u_\mu = 0$, $b^\mu u_\mu = 0$ を満たし，それぞれ次式で定義される：

$$e^\mu = F^{\mu\nu} u_\nu, \qquad b^\mu = \frac{1}{2} u_\alpha \epsilon^{\alpha\mu\nu\beta} F_{\nu\beta}. \tag{4.34}$$

　さてここで理想磁気流体を定義しよう．我々の身の回りの現象では電気抵抗が普遍的に存在し，超伝導体以外に対してはその効果は当然のように考慮される．一方宇宙におけるダイナミカルな現象では，電気抵抗の影響が無視できる場合がほとんどである．これは，電気抵抗でジュール熱が発生するのにかかる時間スケールが，対象とする天体のダイナミカルな時間スケールに比べて十分に長い場合がほとんどだからである．特に，電気抵抗がゼロ（電気伝導度が無限大）の極限の電磁気流体が，理想磁気流体と呼ばれる．

　電気抵抗ゼロの状況下で電場が存在すると，オームの法則が示すように電流が無限に流れる．これはありえないので，理想磁気流体では，流体の静止系で電場が存在してはならない．つまり電気抵抗ゼロは，$e^\mu = 0$ と等価になる．また理想磁気流体においてオームの法則を用いると，電場 ÷ 電気抵抗に対し $0 \div 0$ が現れ不定になるため，電流を決めることができない．したがって，理想磁気流体では，右辺に電流項が現れるアンペールの法則（式 (2.91) 参照）を用いて電場を決めることができない．とても奇妙に思うかもしれないが，アンペールの法則が，与えられた電磁場に対して電流を決める式になる．

　結局，理想磁気流体では $e^\mu = 0$ が要請されるので，電磁場テンソルは

$$F^{\mu\nu} = u_\alpha \epsilon^{\alpha\mu\nu\beta} b_\beta, \tag{4.35}$$

に帰着し，また電磁場のエネルギー運動量テンソルは，次式で与えられる：

$$T_{\mu\nu}^{\mathrm{EM}} = \frac{1}{4\pi}\left(b^2 u_\mu u_\nu + \frac{b^2}{2}g_{\mu\nu} - b_\mu b_\nu\right). \tag{4.36}$$

ここで $b^2 = b_\mu b^\mu$ である．結局，これに理想流体のエネルギー運動量テンソル (4.9) が加わり，理想磁気流体全体のエネルギー運動量テンソルになる．

先に進む前に，理想磁気流体において磁場の時間進化を決める方程式を導出しよう．これは，次式から導出される（時間成分 $n_\nu \nabla_\mu {}^*F^{\mu\nu} = 0$ については後ほど述べる）：

$$\gamma^i{}_\nu \nabla_\mu {}^*F^{\mu\nu} = \frac{1}{\sqrt{-g}}\gamma^i{}_\nu \partial_\mu \left(\sqrt{-g}\,{}^*F^{\mu\nu}\right) = 0. \tag{4.37}$$

ここで ${}^*F^{\mu\nu}$ は $\epsilon^{\mu\nu\alpha\beta}F_{\alpha\beta}/2$ で定義され，理想磁気流体においては，

$$^*F^{\mu\nu} = \frac{1}{2}\epsilon^{\mu\nu\alpha\beta}F_{\alpha\beta} = u^\nu b^\mu - u^\mu b^\nu, \tag{4.38}$$

になる．したがって，求めたい式（誘導方程式と呼ばれる）は次式に帰着する：

$$\partial_\mu\left[\sqrt{-g}(-u^i b^\mu + u^\mu b^i)\right] = 0. \tag{4.39}$$

しかしながらこのままだと，時間発展させる成分が煩雑になるので，あまり好ましくない．そこで通常は流体静止系ではなく，空間的超曲面 $\Sigma_t$ に直交する単位時間ベクトル $n^\mu$（2.3.1 項参照）に沿って観測される電場 $E^\mu$ と磁場 $B^\mu$ を，次式により改めて定義する：

$$E^\mu = F^{\mu\nu}n_\nu, \quad B^\mu = \frac{1}{2}n_\alpha \epsilon^{\alpha\mu\nu\beta}F_{\nu\beta}. \tag{4.40}$$

定義から自明なように $E^\mu n_\mu = 0$, $B^\mu n_\mu = 0$, つまり $E^0 = 0$, $B^0 = 0$ である（$F^{\mu\nu}$, $\epsilon_{\alpha\beta\mu\nu}$ が反対称テンソルであることに注意）．

$E^\mu$ と $B^\mu$ を用いると，電磁場テンソルは次の形に書かれる：

$$F^{\mu\nu} = n^\mu E^\nu - n^\nu E^\mu + n_\alpha \epsilon^{\alpha\mu\nu\beta}B_\beta, \tag{4.41}$$

$$^*F^{\mu\nu} = -n^\mu B^\nu + n^\nu B^\mu + n_\alpha \epsilon^{\alpha\mu\nu\beta}E_\beta. \tag{4.42}$$

理想磁気流体では $F^{\mu\nu}u_\nu = 0$ なので，磁場から電場が次のように決まる：

$$E^\mu = -\frac{1}{\alpha u^0} n_\alpha \epsilon^{\alpha\mu\nu\beta} u_\nu B_\beta. \tag{4.43}$$

またこの式から，$E^\mu u_\mu = 0$ も導かれる．

さて，式 (4.43) を式 (4.42) に代入すると，次式が得られる：

$$^*F^{\mu\nu} = V^\nu B^\mu - V^\mu B^\nu. \tag{4.44}$$

ここで，$V^\mu = n^\mu + \gamma^{\mu\alpha} u_\alpha/(\alpha u^0)$ である．式 (4.15) に注意すると，$V^\mu$ の時間成分が $1/\alpha$，空間成分が $v^i/\alpha$ であることがわかる．このことを頭に入れて，式 (4.44) を式 (4.37) に代入すると，

$$\partial_0(\sqrt{\gamma} B^i) + \partial_j \left[ \sqrt{\gamma}(B^i v^j - B^j v^i) \right] = 0, \tag{4.45}$$

と簡潔な形の誘導方程式が得られる．特に $\mathcal{B}^i := \sqrt{\gamma} B^i$ を基本変数に取れば，特殊相対論の場合と同じ形になる：

$$\partial_0 \mathcal{B}^i + \partial_j \left( \mathcal{B}^i v^j - \mathcal{B}^j v^i \right) = 0. \tag{4.46}$$

なお，磁束保存条件は以下の式から導出される：

$$0 = n_\nu \nabla_\mu {}^*F^{\mu\nu} = -\frac{1}{\sqrt{\gamma}} \partial_\mu \left( \sqrt{-g}\, {}^*F^{\mu 0} \right) = -\frac{1}{\sqrt{\gamma}} \partial_k \left( \alpha\sqrt{\gamma}\, {}^*F^{k0} \right). \tag{4.47}$$

これに式 (4.44) を代入すれば，次式が得られる：

$$\partial_k \mathcal{B}^k = 0. \tag{4.48}$$

2.3.6 項で述べたように，磁束保存条件 (4.48) は拘束条件である．したがって，誘導方程式 (4.46) を時間発展させる際には，磁束保存条件 (4.48) が保たれるための工夫が必要になる．数値計算において式 (4.46) の移流項を，単純に，流体方程式の場合と同様に取り扱うと，磁束保存条件が満たされなくなることが知られている．これを防ぐ手法として，磁束保存が保証される差分法（constraint transport 法と呼ばれる）や磁束保存の破れを減衰させる補助

変数を加える方法が，数値計算では用いられる．

さて磁気流体方程式に戻ろう．これを変数 $B^i$ を用いて書き下すには，まず式 (4.36) を $B^i$ で書き表す必要がある．そのためには，$b^\mu$ と $B^\mu$ の間に成り立つ以下の関係式を用いればよい（$w = \alpha u^0$ である）：

$$\alpha b^0 = B^k u_k, \tag{4.49}$$

$$w b_i = B_i + B^k u_k u_i, \tag{4.50}$$

$$w^2 b^2 = B^2 + (B^k u_k)^2. \tag{4.51}$$

これらを用いると，流体と電磁場のトータルのエネルギー運動量テンソルから，以下の量が導かれる：

$$S_0 = \rho_* h w - P\sqrt{\gamma} + \frac{\sqrt{\gamma}}{4\pi}\left(B^2 - \frac{1}{2w^2}\left[B^2 + (B^k u_k)^2\right]\right), \tag{4.52}$$

$$S_i = \rho_* h u_i + \frac{\sqrt{\gamma}}{4\pi w}\left[B^2 u_i - (B^j u_j)B_i\right], \tag{4.53}$$

$$S_{ij} = \left(\rho h + \frac{b^2}{4\pi}\right)u_i u_j + \left(P + \frac{b^2}{8\pi}\right)\gamma_{ij} - \frac{1}{4\pi}b_i b_j. \tag{4.54}$$

これらを式 (4.6) と (4.8) に代入すれば，基本方程式が得られる．

磁気流体力学においても，4.2.1 項の最後に述べたことと同様に，$u^\mu$ の規格化条件などを用いて，$w = \alpha u^0$ を求める必要がある．磁気流体力学の場合，$S_0$ と $S_i$ に電磁場の情報が含まれるため，式がやや複雑になるが，手順は同様である．まず式 (4.22) と同様の式を導かなくてはならない．そのために，式 (4.53) から

$$S_i B^i = \rho_* h B^i u_i \tag{4.55}$$

が成り立つことを考慮し，$u_i$ を以下の形に書く：

$$u_i = \frac{S_i + \sqrt{\gamma}S_j B^j B_i/(4\pi w \rho_* h)}{\rho_* h + \sqrt{\gamma}B^2/(4\pi w)}. \tag{4.56}$$

すると $u_i$ は，時間発展させる量 $(S_i, \rho_*, \gamma, B^i)$ および $w$ と $h$ だけで書かれることがわかる．また，式 (4.22) に対応するのが，次式になる：

$$w^2 = 1 + \gamma^{ik} \left( \frac{S_i + \dfrac{\sqrt{\gamma} S_j B^j B_i}{4\pi w \rho_* h}}{\rho_* h + \dfrac{\sqrt{\gamma} B^2}{4\pi w}} \right) \left( \frac{S_k + \dfrac{\sqrt{\gamma} S_l B^l B_k}{4\pi w \rho_* h}}{\rho_* h + \dfrac{\sqrt{\gamma} B^2}{4\pi w}} \right). \quad (4.57)$$

さらに，$P$ は状態方程式と $\rho = \rho_*/\sqrt{\gamma} w$ を通して，$w$ と $h$ の関数とみなすことができるので，式 (4.52) は以前と同様に，$w$ と $h$ 以外は時間発展させる量だけで書かれている (式 (4.55) に注意). よって，式 (4.52) と (4.57) は，$w$ と $h$ に対する連立方程式とみなすことができる. したがって，（少々複雑にはなるが）4.2.1 項で述べたのと同様の手順で，$w$ と $h$ を求めることができる.

## 4.4　粘性流体方程式

　流体現象において微視的な運動量輸送効果が重要な場合，流体系は理想流体としてではなく，粘性流体として振る舞う. また，実効的な粘性は，磁気流体力学的に不安定な系，例えばブラックホールや中性子星周りの降着円盤，で現れる. 磁気流体が乱流運動を引き起こし，実効的に運動量輸送が起き，粘性流体のように振る舞うからである. この種の現象を現象論的に調べたい場合，粘性流体方程式が採用される.

　粘性流体方程式を導出するには，粘性効果に付随するエネルギー運動量テンソル $T_{\mu\nu}^{\mathrm{vis}}$ を導入し，全エネルギー運動量テンソルを次のように定義する：

$$T_{\mu\nu} = \rho h u_\mu u_\nu + P g_{\mu\nu} - T_{\mu\nu}^{\mathrm{vis}}. \quad (4.58)$$

そしてこれを，式 (2.8) に代入すればよい.

　ただし，相対論において基本方程式を導出する際には，因果律に気をつけなくてはならない. つまり，ある量の情報が光速度より速く伝わるような解を許す方程式が導出されてはならない. このことに気をつけて，相対論的粘性流体の定式化を行う必要がある.

　仮に，非相対論極限において，運動方程式がナビエ・ストークス方程式に一致することだけを要請するならば，$T_{\mu\nu}^{\mathrm{vis}}$ を次の形に書けばよい：

$$T_{\alpha\beta}^{\mathrm{vis}} = \sigma_{\alpha\beta}$$

$$:= \eta h_\alpha^{\;\mu} h_\beta^{\;\nu} \left( \nabla_\mu u_\nu + \nabla_\nu u_\mu - \frac{2}{3} g_{\mu\nu} \nabla_\sigma u^\sigma \right) + \zeta h_{\alpha\beta} \nabla_\mu u^\mu. \quad (4.59)$$

ここで,$\eta$ と $\zeta$ は粘性係数と体積粘性係数を表し,また $h_{\mu\nu} := g_{\mu\nu} + u_\mu u_\nu$ を定義した.$h_{\mu\nu} u^\mu = 0$ なので,式 (4.59) で定義された粘性テンソル $T_{\mu\nu}^{\mathrm{vis}}$ は $u^\mu$ に直交した空間的テンソルである.しかしこの定式化だと,ナビエ・ストークス方程式と同様に,式 (2.8) の空間成分から $u_i$ に対する拡散方程式が導出される.拡散方程式に従う量は,光速度を超えるスピードで伝達してしまうため,このような定式化は特殊相対論,一般相対論を問わず許されない.

これを克服した有名な定式化として,イスラエル (W. Israel) とステュアート (J. M. Stewart) による定式化がある.彼らは,粘性テンソルが,例えば,以下のような発展方程式に従えばよいことを見抜いた:

$$\mathcal{L}_u T_{\mu\nu}^{\mathrm{vis}} = -\xi (T_{\mu\nu}^{\mathrm{vis}} - \sigma_{\mu\nu}). \quad (4.60)$$

ここで,$\xi$ は時間の逆数の次元をもつ定数,$\mathcal{L}_u$ は $u^\mu$ 方向を接ベクトルとするリー微分を表し,$\sigma_{\mu\nu}$ は式 (4.59) で定義される.つまり,この定式化では,粘性テンソルを独立変数とみなし,時間発展させるのである.この点は,理想磁気流体力学で磁場を独立に発展させるのと同様である.こうすれば,式 (2.8) の空間成分は,$u^\mu$ に対する拡散方程式にはならず,電信方程式に帰着するため,因果律が破られる心配がなくなる.また $\xi$ が十分に大きければ,系の進化時間内に $T_{\mu\nu}^{\mathrm{vis}}$ が $\sigma_{\mu\nu}$ に帰着することが保証される.つまり我々がよく知る粘性流体現象が再現される.そのためこの種の定式化が,一般相対論的な粘性流体シミュレーションではしばしば採用される.

粘性流体力学においても,磁気流体力学の場合と同様に,エネルギー運動量テンソル (4.58) から $S_0$ と $S_i$ を定義し,式 (4.6) と (4.8) に代入すれば,基本方程式が得られる.さらに $w$ と $h$ を決めるために,以前と同様に $u^\mu$ の規格化条件と $S_0$ の定義式を連立方程式として採用する.方程式は磁気流体力学の場合以上に煩雑になるが,数値的には理想流体力学と磁気流体力学の場合と同様の手法を用いて解を求めることができる.

## 4.5    輻射流体方程式

原子，分子，原子核などからなる物質の運動が，ニュートリノや光子など，いわゆる輻射場の影響を強く受ける場合には，流体方程式ではなく輻射流体方程式と輻射場の方程式を同時に解かなくてはならない．輻射流体力学に関する定式化も，(1) 輻射場の時間発展を記述する式を決める，(2) 輻射の効果を運動方程式に取り入れる，の 2 つのステップからなる．

輻射の時間発展を記述する方程式は輻射輸送方程式と呼ばれ，第一原理的にはボルツマン方程式で記述される．これは，$p^\mu$ を各輻射粒子の 4 元運動量とし，輻射場の分布関数を $f(x^\mu, p^\mu)$ とおくと，次の形に書かれる：

$$p^\mu \frac{\partial f}{\partial x^\mu} - \overset{(4)}{\Gamma}{}^\mu{}_{\alpha\beta} p^\alpha p^\beta \frac{\partial f}{\partial p^\mu} = C[f]. \tag{4.61}$$

ここで，$C[f]$ は輻射と流体の相互作用（吸収，放射，散乱効果）を表す．輻射粒子の質量をゼロと仮定すれば，$p^\mu p_\mu = 0$ が成り立つ．この種の規格化条件が存在するので，$f$ に対する運動量空間変数は $p^i$ の 3 成分のみになる．

輻射場のエネルギー運動量テンソルは，$f$ を運動量空間で積分することにより以下の形で表される：

$$T^{\text{rad}}_{\mu\nu} = \int \sqrt{-g}\, \frac{dp^1 dp^2 dp^3}{-p_0} p_\mu p_\nu f. \tag{4.62}$$

輻射場以外のエネルギー運動量テンソルを $T^{(0)}_{\mu\nu}$ とすれば，トータルのエネルギー運動量テンソル $T_{\mu\nu} = T^{(0)}_{\mu\nu} + T^{\text{rad}}_{\mu\nu}$ が式 (2.8) に従う．輻射流体力学では，通常これは以下の形に書かれる：

$$\nabla^\mu T^{(0)}_{\mu\nu} = -G_\nu. \tag{4.63}$$

ここで $G_\nu$ は，少々ややこしい計算の後に，次式に帰着する：

$$G_\nu = \nabla^\mu T^{\text{rad}}_{\mu\nu} = \int \sqrt{-g}\, \frac{dp^1 dp^2 dp^3}{-p_0} p_\nu C[f]. \tag{4.64}$$

式 (4.63) が示すように，輻射流体力学では，輻射場の相互作用項を流体に作用する 4 元的な輻射圧項として取り入れる手法が標準的である．つまり，$S_0$ や $S_i$ には輻射の寄与を通常は含めない．

輻射場の分布関数は，実空間座標だけではなく運動量空間座標も変数にもつ．したがって，3+3 次元空間の変数に対して基本方程式（ボルツマン方程式）を解かなくてはならない．この点が，電磁場や粘性テンソルの基本方程式とは大きく異なる．ボルツマン方程式を差分法で解くには，6 次元格子を用意せねばならず，巨大な計算資源が必要になる．また高温・高密度下におけるニュートリノと物質の場合のように，流体運動の特徴的時間スケールに比べ短い時間スケールで輻射と物質が相互作用を行う場合がある．このような物理的状況に対して，$C[f]$ を正確に取り扱いながら，ボルツマン方程式と輻射流体方程式を同時に解くには，やはり大きな計算コストが必要になる．

そこで計算コストを下げるのを目的に，輻射輸送方程式に対してしばしば近似が採用される．近似法の 1 つとしてモーメント法がある．モーメント法では，分布関数 $f$ の代わりに，以下のモーメントが扱われる：

$$M_{(\nu)}^{\alpha_1 \alpha_2 \cdots \alpha_k}(x^\beta) = \int \frac{f(x^\beta, p'^\alpha)\delta(\nu - \nu')}{\nu'^{k-2}} p'^{\alpha_1} p'^{\alpha_2} \cdots p'^{\alpha_k} dV'_p. \quad (4.65)$$

ここで $k$ はゼロ以上の整数であり，また $\nu := -u^\mu p_\mu$ は流体静止系で見た輻射粒子のエネルギーを表す．なお，式 (4.65) の右辺の運動量空間積分は，流体静止系で行われる．具体的には，$\nu$ と運動量空間の角度積分要素 $d\bar{\Omega}$ を用いて，$dV_p = \nu d\nu d\bar{\Omega}$ と書かれる．

$p^\alpha$ を流体の 4 元速度 $u^\alpha$ とそれに直交する空間的単位ベクトル $\ell^\alpha$ に分解し，$p^\alpha = \nu(u^\alpha + \ell^\alpha)$ と書くと，式 (4.65) は以下の形に書き換えられる：

$$M_{(\nu)}^{\alpha_1 \alpha_2 \cdots \alpha_k} = \nu^3 \int f(x^\mu, \nu, \bar{\Omega})(u^{\alpha_1} + \ell^{\alpha_1})(u^{\alpha_2} + \ell^{\alpha_2}) \cdots (u^{\alpha_k} + \ell^{\alpha_k}) d\bar{\Omega}.$$
$$(4.66)$$

式 (4.66) から容易にわかるように，$M_{(\nu)}^{A_k \beta} u_\beta = -M_{(\nu)}^{A_k}$ が成り立つ．したがって，低次のモーメントは高次のモーメントから導出される．

　モーメント法では，運動量空間の変数が $\nu$ だけになるので，6 次元問題が 4 次元問題に還元される．一方で，無数のモーメントに対する方程式を解かなくてはならないが，通常のモーメント法では，0 次と 1 次のモーメント（エネルギー密度と運動量密度に対応）にだけ着目し，輻射場の近似解が求められる．

　各次のモーメントに対する方程式は，ソーン (K. S. Thorne) によって，以下のように求められている：

$$\nabla_\beta M_{(\nu)}^{A_k\beta} - \frac{\partial}{\partial \nu}\left(\nu M_{(\nu)}^{A_k\beta\gamma}\nabla_\gamma u_\beta\right) - (k-1)M_{(\nu)}^{A_k\beta\gamma}\nabla_\gamma u_\beta = S_{(\nu)}^{A_k}.$$
$$(4.67)$$

ここで右辺は，以下の相互作用項を表す：

$$S_{(\nu)}^{A_k} = \nu^2 \int C[f](u^{\alpha_1}+\ell^{\alpha_1})(u^{\alpha_2}+\ell^{\alpha_2})\cdots(u^{\alpha_k}+\ell^{\alpha_k})d\bar\Omega. \quad (4.68)$$

　2 次以下のモーメントにだけ着目するならば，式 (4.67) に $k=1$ を代入して得られる次式にだけ注目すればよい：

$$\nabla_\beta M_{(\nu)}^{\alpha\beta} - \frac{\partial}{\partial \nu}\left(\nu M_{(\nu)}^{\alpha\beta\gamma}\nabla_\gamma u_\beta\right) = S_{(\nu)}^{\alpha}. \quad (4.69)$$

$M_{(\nu)}^{\alpha\beta}$ はさらに，スカラー量，ベクトル量，テンソル量を用いて，

$$M_{(\nu)}^{\alpha\beta} = J_{(\nu)}u^\alpha u^\beta + H_{(\nu)}^\alpha u^\beta + H_{(\nu)}^\beta u^\alpha + L_{(\nu)}^{\alpha\beta}, \quad (4.70)$$

と表すことができる．ここで，$J_{(\nu)}$，$H_{(\nu)}^\alpha$，$L_{(\nu)}^{\alpha\beta}$ は，以下で定義される：

$$J_{(\nu)} := \nu^3 \int f(\nu,\bar\Omega,x^\mu)\,d\bar\Omega, \quad (4.71)$$

$$H_{(\nu)}^\alpha := \nu^3 \int \ell^\alpha f(\nu,\bar\Omega,x^\mu)\,d\bar\Omega, \quad (4.72)$$

$$L_{(\nu)}^{\alpha\beta} := \nu^3 \int \ell^\alpha \ell^\beta f(\nu,\bar\Omega,x^\mu)\,d\bar\Omega. \quad (4.73)$$

式 (4.69) は 4 成分の式だが，それが $J_{(\nu)}$ と $H_{(\nu)}^\alpha$ に対する方程式を与える．

 なお，$M_{(\nu)}^{\alpha\beta\gamma}$ や $L_{(\nu)}^{\alpha\beta}$ のような，より高階のテンソルを決めるには，一般的には，より高次のモーメント方程式を解く必要があるが，しばしば用いられる方法では，これらを直接解いて求めることはせず，物理的な仮定をおき，低次のモーメントで近似的に記述する．このような方法は，切り詰めたモーメント法と呼ばれる．数値相対論では，この方法が輻射輸送方程式を解く近似法としてしばしば用いられる．

# 第5章

# 中性子星連星の合体

中性子星連星（連星中性子星またはブラックホール・中性子星連星）の合体は，連星ブラックホールの合体の次に，頻繁に観測される重力波源である．近年の重力波観測から，Advanced LIGO のような重力波望遠鏡を用いれば，1年間に数回は連星中性子星の合体による重力波が観測されることがわかってきた．また単に重力波源であるだけではなく，1.3 節で紹介したように，$\gamma$線バースト，キロノバの発生源および $r$ プロセス重元素を合成する主たる現象としても脚光を浴びている．特に，最も有望なマルチメッセンジャーの天体現象として注目されている．

放射される重力波や電磁波は貴重な情報を運んでくるが，それらを観測した際に観測結果から合体に関する詳細な情報を抽出するには，合体に対する理論的なモデルが必要になる．このような背景に触発されて，過去 20 年以上にわたって，合体過程を理解し，かつ放射される重力波と電磁波を予言するための数値相対論研究が進められてきた．本章では，これまでの数値相対論研究で得られた知見や GW170817 の観測によって得られた情報を基礎にして，中性子星連星の合体に対して我々が現在もつ知識について解説する．また，重力波や電磁波の観測から，今後どのような知見が得られると期待できるのかについても述べる．

## 5.1　連星中性子星の合体

連星中性子星は，基本的には，2つの大質量星からなる連星が核融合反応な

どを経て進化し，最終的に 2 度の超新星爆発を起こした後に誕生する，と考えられている．誕生後は，重力波放射により長時間（誕生時の軌道半径が太陽の直径程度で円軌道をもつならば 4 億年程度）かけてお互いに近づき，軌道半径が中性子星の半径の 3 倍程度にまで縮まった時点で合体が始まる．ここまで軌道半径が縮まると，重力波放射の時間スケール（式 (2.153) 参照）が軌道周期と同程度に短くなるとともに，中性子星が大きく潮汐変形する結果，2 体間引力が急激に増すため，安定な軌道を連星が保つことができなくなり，合体が始まるのである．なお，潮汐効果の重要性については 5.1.7 項で改めて触れる．

　中性子星連星の合体現象は，強重力現象であると同時に，複雑な流体（より正確には輻射磁気流体）現象である．したがって，解析的にこれを調べるのは不可能であり，数値相対論が不可欠になる．数値相対論による連星中性子星合体の研究は，2000 年に我々日本のグループが最初の数値計算結果を発表し，幕が開いた．その後も我々はじめ関連研究者は，取り入れる物理素過程を精密化し，精緻なモデル化を進めるとともに，計算の解像度を向上させてきた．その結果現在では，信頼度の高い現実的な数値計算が実行可能である．

　中性子星連星の合体を数値相対論で調べる際の具体的な作業は，次のようにまとめることができる：

1. まず，中性子星に対して現実的と思われる状態方程式を用意する．
2. 拘束条件を満足し，かつ現実的な設定とみなされうる初期条件を与える（2.6 節参照）．
3. 次に時間発展させる．アインシュタイン方程式を解くのは必須である．それには BSSN 形式のような時間発展に適した形式が利用される（2.4 節参照）．
4. 物質場も同時に時間発展させる．この際，問題に適した基本方程式を選択しなくてはならない．例えば，合体するまでの連星の軌道進化にだけ注目するならば，流体方程式のみを解けば十分だが，合体後の進化を詳しく知りたければ，磁気流体あるいは輻射磁気流体方程式を解かなくて

はならない（第 4 章参照）.

5. 磁気流体方程式や輻射磁気流体方程式を解く場合には，これらに加えて電磁場に対するマクスウェル方程式，ニュートリノのような輻射に対する輻射輸送方程式，バリオン数あたりのレプトン数の発展方程式なども連立させて解く必要がある．また，ニュートリノの輻射流体効果を取り入れるには，高温・高密度の核物質に対する現実的な状態方程式を同時に採用する必要もある．

6. 連星の合体後には，ブラックホールと降着円盤，あるいは大質量中性子星と降着円盤からなる系が一般的には誕生する．これらの長時間発展を明らかにするのも，重要な作業である．この目的のためには，輻射磁気流体方程式や輻射粘性流体方程式などを解くことが必須である．

7. 数値計算中に，計量からの重力波成分の抽出，およびブラックホール，中性子星，降着円盤，放出される物質などの性質を調べることも欠かせない．

　以下では，数値相対論で得られた知見を用いて，小節ごとに，合体後に誕生する天体とその性質の分類，合体後誕生する天体の進化過程，物質放出過程，元素合成とキロノバ現象，キロノバ以外の電磁波信号，および放射される重力波の特徴について順次解説していく．

### 5.1.1　合体過程と合体後の運命

　合体現象を予想するにあたって，まずは，典型的な連星中性子星がもちうる各中性子星の質量やスピン（自転角運動量）について吟味しなくてはならない．この考察には，これまでに観測的に得られた知見が利用される．我々の銀河系内に存在する連星中性子星（およびその候補）は，電波観測によりこれまでに合計で 20 ほど見つかっている．少なくとも連星の片方の中性子星が，周期的に電波パルスを放射するパルサーとして輝いており（パルサーについては文献 [5] 参照），それが観測されるのである．その中でも，軌道半径が比較的小さい（太陽半径（約 70 万 km）の数倍以下の）ものに対しては，

表 **5.1**　これまでに我々の銀河系内で発見された，宇宙年齢（約 138 億年）以内に合体する連星中性子星．公転軌道周期 $P_{\mathrm{orb}}$（日が単位），楕円軌道の離心率 $e$，合計の質量 $m$，パルサーの質量 $m_1$，伴中性子星の質量 $m_2$，および重力波放射によって，現在から合体に至るまでの時間 $\tau_{\mathrm{gw}}$（億年が単位）を発見された順に記載．PSR B1913+16 は，1974 年にハルスとテイラー（R. A. Hulse と J. H. Taylor：共に，1993 年にノーベル賞を受賞）によって最初に発見された．パラメータの精密決定には数年以上にわたる長期観測が必要なため，ごく最近新たに発見されたものに対しては，パラメータの決定精度が今のところ高くない．なお，軌道長半径 $a$ は次式で見積ることができる：
$a \approx 1.8 \times 10^6 (P_{\mathrm{orb}}/0.3\,\text{日})^{2/3} (m/2.7 M_\odot)^{1/3}$ km.

| PSR | $P_{\mathrm{orb}}$ | $e$ | $m\,(M_\odot)$ | $m_1\,(M_\odot)$ | $m_2\,(M_\odot)$ | $\tau_{\mathrm{gw}}$ |
|---|---|---|---|---|---|---|
| B1913+16 | 0.323 | 0.617 | 2.828 | $1.438 \pm 0.001$ | $1.390 \pm 0.001$ | 3.0 |
| B1534+12 | 0.421 | 0.274 | 2.678 | $1.333 \pm 0.001$ | $1.345 \pm 0.00$ | 27 |
| B2127+11C | 0.335 | 0.681 | 2.71 | $1.36 \pm 0.01$ | $1.35 \pm 0.01$ | 2.2 |
| J0737-3039A | 0.102 | 0.088 | 2.587 | $1.338 \pm 0.001$ | $1.249 \pm 0.001$ | 0.86 |
| J1756-2251 | 0.320 | 0.181 | 2.570 | $1.341 \pm 0.007$ | $1.230 \pm 0.007$ | 17 |
| J1906+0746 | 0.166 | 0.085 | 2.61 | $1.29 \pm 0.01$ | $1.32 \pm 0.01$ | 3.1 |
| J1913+1102 | 0.206 | 0.090 | 2.89 | $1.62 \pm 0.03$ | $1.27 \pm 0.03$ | 4.7 |
| J1757-1854 | 0.184 | 0.606 | 2.733 | $1.338 \pm 0.001$ | $1.395 \pm 0.001$ | 0.77 |
| J1946+2052 | 0.078 | 0.064 | $2.50 \pm 0.04$ | $\gtrsim 1.2$ | $\lesssim 1.3$ | 0.46 |

電波パルス周期の時間変動を解析することによって，公転周期や相対論的な効果などが精度良く測定されている．その結果，個々の中性子星の質量が決定される．これまでの観測結果によると，我々の銀河系内で発見された連星中性子星の合計質量は，2.5〜$2.9M_\odot$ と比較的狭い範囲に集中している（表 5.1 参照）．よって，この範囲が典型的な合計質量と考えるのが自然である．実際に，2017 年に重力波観測で見つかった連星中性子星，GW170817，の合計質量は $2.74^{+0.04}_{-0.01} M_\odot$ だった．ただし，2019 年に重力波観測で見つかった連星中性子星，GW190425，の合計質量は約 $3.4M_\odot$ だったので，宇宙の中には合計質量が大きいものも存在することが判明している．

質量比（質量の大きい方に対する小さい方の比）に関しては，1 から大きく離れることが少ないのが特徴である．表 5.1 を見ると，ほとんどの場合，質量比が 0.9 と 1 の間にあり，最小値をもつ PSR J1913+1102 でも約 0.78 である．よって，連星中性子星における質量の非対称性は，多くの場合，さほど大きくはない，と考えるのも自然である．

次にスピンだが，上で述べたように中性子星はパルサーとして電磁波を放射するため，誕生から合体までの間，継続的に自転角運動量および回転運動エネルギーを失い続ける．また表5.1が示すとおり，誕生から合体までの寿命は1千万年以上と長そうである．これが典型的と想定すれば，大量の自転角運動量が合体までに失われるので，合体直前の中性子星はゆっくり自転していると予想される．また，これまでに観測された我々の銀河系内に存在する連星中性子星内の各中性子星の中で，スピンパラメータ $\chi$（自転角運動量 $J$ と質量 $M$ に対して，$cJ/GM^2$ で定義される無次元量）が 0.05 を超えるものは見つかっていない．中性子星の $\chi$ は，理論的には最大で 0.5 程度になりうることを思えば，高速で自転する中性子星を内包する連星中性子星自体は稀だと考えられる．したがって，合体前の連星中性子星に対して，スピンの存在は無視しても良さそうである．

連星中性子星の想定される合計質量は，2.1〜2.3$M_\odot$ 程度と予想される球対称中性子星単体の最大質量 $M_{\rm max}$ よりも大きいので，合体後は，瞬時にブラックホールが誕生する可能性と大質量中性子星が誕生する可能性の両方が考えられる．大質量中性子星が誕生しうるのは，それが合体前の連星の公転運動を反映して，高速で自転すると推測されるからである．ブラックホールか大質量中性子星のどちらが誕生するのかを決める最も重要な要素が，連星系の合計質量と中性子星の状態方程式である．仮に合計質量が十分に大きければ，合体後，ブラックホールが即座に形成されるはずである．例えば，GW190425 のように合計質量が 3.4$M_\odot$ もある場合には，状態方程式の不定性を考慮してもこちらの運命を辿ると考えられる．一方，合計質量がさほど大きくなければ，合体後の運命は，未だに詳しく理解されていない中性子星の状態方程式次第である．仮に中性子星の状態方程式が「硬い」ならば，つまり，中性子星の典型的な密度に対して圧力が高い（その結果，中性子星の半径や最大質量 $M_{\rm max}$ が大きい）ならば，大質量中性子星がまずは形成されるだろう．一方，状態方程式が「柔らかい」ならば，つまり，典型的な密度に対して圧力が低い（中性子星の半径や $M_{\rm max}$ が小さい）ならば，ブラックホールが即座に誕生すると予想される．言い換えると，$M_{\rm max}$ が大きいのであれば大質量

中性子星が誕生しやすく，小さいのであればブラックホールが誕生しやすい
はずである．したがって，連星中性子星の合体を多数観測することによって，
$M_{max}$ に対する知見が得られると考えられる．そこで，連星中性子星の合計
質量と $M_{max}$ の関係を理論的に定量化しておくことが，数値相対論には求め
られる．

　連星中性子星に対して数値相対論を適用するには，中性子星の状態方程式を
与える必要がある．しかしながら，上で述べたように中性子星の状態方程式
は未だに詳しくはわかっておらず，幅広い可能性が許されるのが現状である．
既存の確実な事実は，質量が約 $2M_\odot$ の中性子星がすでに複数観測されており
（これまでに報告されている最大の質量は，PSR J0740+6620 の $2.08^{+0.07}_{-0.07}M_\odot$；
ただし誤差は 68.3%の信頼区間を表示），それを説明可能な程度に状態方程式
は硬くなくてはならないということだけである．そこで，幅広い可能性を網
羅的に調べ尽くすために，$2M_\odot$ の中性子星を説明できる多数の状態方程式モ
デルを用いて数値相対論計算が進められてきた．

　日本のグループは，2000 年代中頃から世界の先頭を走ってこの分野の研究
を進めてきた．具体的には，多様な状態方程式，中性子星に対する幅広い質量
を採用して，系統的に連星中性子星の合体現象を調べてきた．その結果，明
らかになったのが，仮に $M_{max}$ が約 $2.1M_\odot$ を超えるとすれば，合計質量が約
$2.8M_\odot$ 以下の連星中性子星の合体の結果，ブラックホールが即座に誕生する
ことはなく，大質量中性子星が少なくとも過渡的には形成される，という事
実である．

　図 5.1, 5.2 に，連星中性子星の合体の様子を 2 例示した．この 2 例とも採
用した状態方程式は同じだが，図 5.1 の例では質量がともに $1.35M_\odot$ の中性
子星同士の合体の様子を，図 5.2 の例では質量がともに $1.45M_\odot$ の場合の様
子を示した．前者の場合には，合体後，大質量中性子星が誕生する一方，後
者の場合には，ブラックホールが即座に誕生する．誕生したブラックホール
は高速で自転しており，スピンパラメータの大きさは $\chi \approx 0.8$ である．なお
この 2 つの例で採用された状態方程式では，$M_{max} \approx 2.07M_\odot$ である．

　連星の合計質量が $2.7M_\odot$ で，$M_{max}$ よりも十分に大きい場合でも大質量中

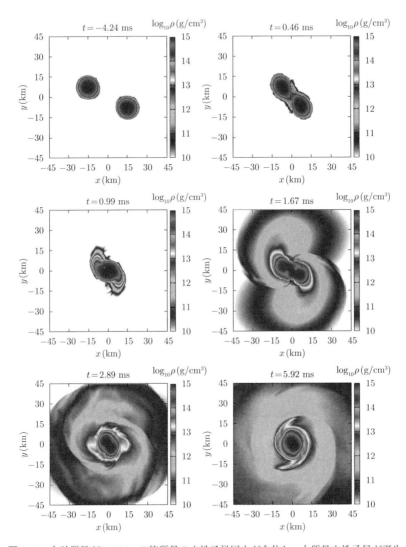

図 5.1 合計質量が $2.7M_\odot$ の等質量の中性子星同士が合体し，大質量中性子星が誕生する様子．赤道面の密度分布を表示．大質量中性子星の誕生とともに，物質が飛び散り広がっていく様子が示されている．$t=0$ が合体開始時のおよその時刻に対応し，合体直前の公転周期は約 2 ミリ秒である．計算結果と図は木内建太氏が提供．口絵 2 に同じ結果を 3 次元的に作画したものを掲載．

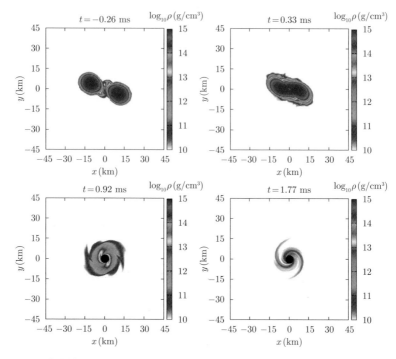

図 **5.2**    合計質量が $2.9M_{\odot}$ の等質量の中性子星同士が合体し，ブラックホールが即座に誕生する様子．赤道面の密度分布を表示．$t = 0$ が合体開始時のおよその時刻に対応する．2枚の下図の黒い塗り潰しは，ブラックホールの地平面内を表す．ブラックホールのスピンパラメータ $\chi = cJ/GM^2$ は約 0.8 である．計算結果と図は木内建太氏が提供．口絵 3 に同じ結果を 3 次元的に作画したものを掲載．

性子星が誕生するのはなぜか，と読者は不思議に思うかもしれない．実際のところ，重力波放射や後述する物質放出のために $0.1 \sim 0.2 M_{\odot} c^2$ ほど質量エネルギーが失われるため，大質量中性子星の質量は系全体の合計質量よりは若干は小さくなり，$2.5 \sim 2.6 M_{\odot}$ ほどになる．しかしそれでも，$M_{\mathrm{max}}$ よりも十分に大きい．にもかかわらず，ブラックホールへの重力崩壊が起きず，$M_{\mathrm{max}}$ よりも十分に重い大質量中性子星が形成されるのだ．これには，2 つの効果が影響している．1 つは，大質量中性子星がもつ自転角運動量による遠心力の効果である．自転角運動量は合体前の軌道角運動量から持ち込まれるのだ

が，ケプラー運動していた2つの天体が合体するので，合体後の天体は高速
で自転する（事実，図5.2の例で誕生したブラックホールは高速回転してい
る）．そのため大質量中性子星内部では強い遠心力が働き，支えることのでき
る質量が数十%増える．さらに，合体時に強い衝撃波が発生し，運動エネル
ギーが熱化するため，内部エネルギーに由来する圧力も増す．これら2つの
効果によって，連星の合計質量が $M_{max}$ の1.3倍程度でも，大質量中性子星
はブラックホールに即座には重力崩壊しない．しかし，自転角運動量や内部
エネルギーをその後の進化過程で十分に失えば，大質量中性子星は，いずれ
ブラックホールに重力崩壊するはずである．これについては後ほど触れる．

　誕生直後の大質量中性子星は，合体前の状態を反映して，最初は非軸対称
形状を保つが，やがて徐々に軸対称形状に向かって変化する．これは以下の
理由による．非軸対称形状は大質量中性子星が大きな角運動量をもつため保
たれるのだが，一般的な性質として非軸対称形状の天体は外縁部に重力的な
トルクを働かせるため，大質量中性子星から外縁部へと角運動量が徐々に輸
送される．その結果，大質量中性子星のもつ角運動量が減少し，非軸対称度
が下がる．図5.1の例では，この角運動量輸送現象が，合体後最初の数ミリ
秒で効率良く起きるため，外縁部の物質が外側に広がるとともに，大質量中
性子星の非軸対称性が下がることが見てとれる．またこの効果以外にも，重
力波放射（5.1.7項参照）で大質量中性子星は自転角運動量を失う．この効果
も，非軸対称度を下げるのに寄与する．

　角運動量輸送が起き続けるため，大質量中性子星の外縁物質はさらに外側
に広がり，やがて比較的質量の大きな降着円盤が形成される（図5.1の最後の
パネル参照）．他方，大質量中性子星自身は自転角運動量を減らすため，遠心
力を弱める．その結果，その中心密度は次第に上がる．密度が十分に高くな
れば，大質量中性子星は最終的にブラックホールに重力崩壊する．ブラック
ホールが比較的早期に誕生するか否かも，連星の合計質量と中性子星の状態
方程式次第である．ブラックホールが誕生する場合，それ以前に十分な角運
動量が外縁部に供給されていれば，質量の大きな降着円盤がブラックホール
周りに形成される．この場合，誕生するブラックホールと降着円盤の系は，$\gamma$

線バーストのような高エネルギー現象を起こすと推測される．ブラックホールが誕生するにせよ，大質量中性子星がそのまま生き残るにせよ，降着円盤からはやがて物質が放出され，それが後に元素合成と放射性崩壊を通じて電磁波を放射することで，キロノバとして光り輝くことも予想される（5.1.3〜5.1.5項参照）．

非等質量の連星中性子星が合体する場合も，進化の概要は上で述べたのと定性的には変わらない．しかし，質量が大きい方の中性子星による潮汐効果が質量の小さい方の中性子星に対して効率良く働く結果，合体時により多くの物質が飛び散り，また合体後に誕生する大質量中性子星には，比較的長い時間，非対称性が保たれる傾向がある．その結果，大質量中性子星からの角運動量輸送を通じて，外縁部により質量の大きな降着円盤が形成される．

連星系の合計質量が $2.8M_\odot$ よりも十分に大きければ，図5.2のように，合体後ブラックホールが即座に誕生しうる．ブラックホールを即座に形成させる合計質量の閾値は，状態方程式に強く依存するので，現段階で確定した値を書くことはできない．例えば，図5.2の例で採用した状態方程式は比較的柔らかいので，閾値は約 $2.75M_\odot$ とやや小さめである．硬い状態方程式（$M_{max}$ が大きい状態方程式）を採用すると，質量閾値が $3.0M_\odot$ を超えることもありうる．将来，合計質量の大きな連星中性子星の合体が多数観測され，この閾値を何らかの方法で観測的に決定できれば，状態方程式の制限に結びつく．

等質量の中性子星同士が合体する図5.2の例では，ブラックホールの誕生後，合体前に存在した物質のほとんどすべてがブラックホールに飲み込まれる．よって，ブラックホール周りに降着円盤が有意には形成されないし，物質が放出されることもほとんどなく，その結果，元素合成も電磁波放射もほとんど起きないと考えられる．一方，非等質量の連星が合体する場合には，合体前に軽い方の中性子星が重い方の重力による潮汐効果を強く受けるため，物質の一部が放出されたり，またブラックホール周りに降着円盤が誕生したりする．特に，質量比が1よりも十分に小さい場合には，物質放出や降着円盤形成が有意に起きる．

将来，重力波観測から連星の合計質量や質量比が決定され，さらにそれに

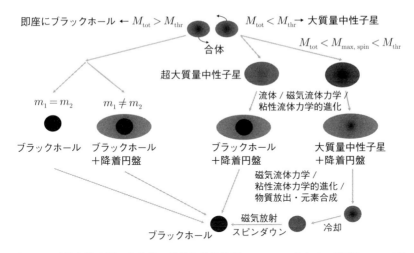

即座にブラックホール ← $M_\mathrm{tot} > M_\mathrm{thr}$　　　$M_\mathrm{tot} < M_\mathrm{thr}$ → 大質量中性子星

$M_\mathrm{tot} < M_\mathrm{max,\,spin} < M_\mathrm{thr}$

合体

超大質量中性子星

$m_1 = m_2$　　　$m_1 \neq m_2$

流体／磁気流体力学／
粘性流体力学的進化

ブラックホール　　ブラックホール
＋降着円盤

ブラックホール
＋降着円盤

大質量中性子星
＋降着円盤

磁気流体力学／
粘性流体力学的進化／
物質放出・元素合成

磁気放射
ブラックホール　　スピンダウン　　　　　　　冷却

**図 5.3**　連星中性子星の合体後の多様な進化過程についてのまとめ．詳細については
本文を参照のこと．

付随した光学観測から，合体後何が誕生したかについての情報が得られれば，
連星の合体現象が包括的に理解されるようになるだろう．また同時に，中性
子星の状態方程式に対する強い制限が課されることにもなると期待される．

　連星中性子星の合体後の運命を図 5.3 にまとめた．合体後の運命は，基本的
には連星中性子星の合計質量（図では $M_\mathrm{tot}$）の大小で決まり，それがある閾
値 $M_\mathrm{thr}$ よりも大きければブラックホールが即座に誕生し，そうでなければ，
大質量中性子星が少なくとも過渡的に誕生する．ただし，質量閾値 $M_\mathrm{thr}$ は，
中性子星の状態方程式に強く依存するため今のところわかっておらず，将来
の重力波観測および電磁波追観測の進展とともに推定できるものと期待され
る．連星の合計質量が，$M_\mathrm{thr}$ に比べ十分に小さい場合には，$M_\mathrm{tot}$ の大小によ
り大質量中性子星の進化過程は異なる．それについては，5.1.2 項で述べる．

## 5.1.2　合体後の進化

　図 5.3 にまとめたとおり，連星中性子星の合体直後には，多くの場合，ブ
ラックホールあるいは大質量中性子星と降着円盤からなる系が誕生すると推
測される．合体前の中性子星の少なくともどちらかは強磁場をもつと考えら

れるので，合体後に誕生する大質量中性子星と降着円盤も強磁場をもつであ
ろう．また合体時に発生する衝撃波による運動エネルギーの熱化により，そ
れらは非常に高温になるとも推測される．その結果，大量のニュートリノが
放射されるはずである．さらに，大質量中性子星にせよ，降着円盤にせよ，剛
体回転せず差動回転する．そのため，それらの中では磁気流体不安定性が発
生し，磁場強度が増すと推測される．これらの物理的条件が，合体後に誕生
する系のその後の進化過程を決定する．以下では，大質量中性子星と降着円
盤の予想される進化過程についてそれぞれ分けて解説する．

## (a)　大質量中性子星の進化過程

　大質量中性子星が誕生する場合，その後，そこから働く重力トルクによる
角運動量輸送，重力波放射による角運動量散逸，磁気流体効果による角運動
量輸送と再分配，ニュートリノ放射による冷却効果が進化に重要な役割を果
たす．これらによる進化過程の概略図を図 5.4 に示したので，これを参考に
しながら以下を読み進めていただきたい．
　合体直後にまず重要になるのが，大質量中性子星の非軸対称形状に由来し
て働く重力的トルクによる角運動量輸送効果である．これによって，外縁部

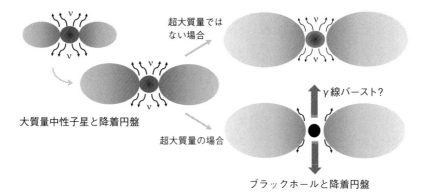

図 **5.4**　連星中性子星の合体後に大質量中性子星が誕生する場合の進化過程の概略図．
ニュートリノ放射による冷却や角運動量輸送による自転角運動量の減少およ
び降着円盤の発達などを通して進化が進む．降着円盤内でも角運動量輸送が
起き，円盤は外側へと膨らむ．詳細については本文を参照のこと．

の物質が外側に広がり，質量が $0.2 \sim 0.3 M_\odot$ 程度の降着円盤が発達する（図5.1, 5.4 参照）．これは合体後最初の数十ミリ秒以内に起きる．仮に，大質量中性子星の質量が十分に大きく，かつ角運動量輸送が効率良く起きる場合，遠心力が弱まる結果，大質量中性子星はブラックホールへと重力崩壊するだろう．このタイプの進化経路を辿る大質量中性子星は，超大質量中性子星と呼ばれる．ここでの例が示すとおり，超大質量中性子星とは，大きな角運動量による遠心力や高温のため生じる余剰圧力によって，その自己重力が支えられている，自転する大質量中性子星のことを指す．より正確には，剛体回転している温度ゼロの中性子星の最大質量（図5.3 における $M_{\mathrm{max,spin}}$）よりも質量が大きい大質量中性子星が，超大質量中性子星と呼ばれる．

超大質量中性子星は，外縁部への角運動量輸送の他にも，重力波放射，磁気流体効果による角運動量再分配，ニュートリノ放射による冷却などの効果により，合体開始から数十ミリ秒から数秒後にブラックホールへと重力崩壊するはずだが，もしもブラックホールの周りに質量が $0.1 M_\odot$ 程度の降着円盤が形成されれば，その後 $\gamma$ 線バーストが起きる可能性がある．この話題については5.1.6 項で取り上げる．

他方，大質量中性子星の質量が小さく，超大質量のものではない場合には，ブラックホールへの重力崩壊は短時間には起きない．その自転角運動量が磁気双極子放射などによって一定量失われるまで，中性子星として生きのびる可能性がある（磁気双極子放射については文献 [5] 参照）．磁場強度が大きいほどその寿命は短いと推察されるが，仮に最大磁場強度が $10^{16}$ G と巨大でも寿命は数百秒程度になるだろう．

100 ミリ秒以上にわたる大質量中性子星の進化を考える場合，ニュートリノ放射，磁気流体効果およびそれに付随した実効的な粘性流体効果が重要になる．先に述べたように，大質量中性子星は中性子星同士の衝突を経て形成されるため，衝撃波加熱の影響で最高温度が $10^{11}$ K をはるかに超えるほどの高温状態がその内部で実現する．ニュートリノはそのような高温の状況下で大量に生成されるが，合体直後の大質量中性子星が高温・高密度なため，それらは自由に外部に逃げ出すことができず，散乱を繰り返しながら拡散的に

放射される. そのため, 冷却にかかる時間は数秒程度と, 大質量中性子星の自転周期 (1ミリ秒程度) に比べるとかなり長くなる. それでも放射の最大光度は, $10^{53}\,\mathrm{erg\,s^{-1}}$ を超えるほどに高い. そのため, 合体から数秒経過するとニュートリノ放射により熱的圧力が減少し, 大質量中性子星がブラックホールにより重力崩壊しやすくなると考えられる.

　ところで, 放射された電子ニュートリノ ($\nu_e$) とその反ニュートリノ ($\bar{\nu}_e$) の一定の割合は, 大質量中性子星周辺で対消滅を起こし,

$$\nu_e + \bar{\nu}_e \to e^- + e^+ \tag{5.1}$$

により, 電子・陽電子対を生成させる. 電子と陽電子はニュートリノとは異なり荷電粒子なので, 物質と電磁気学的に強く相互作用する. そのため, 物質にエネルギー (運動エネルギーや内部エネルギー) を供給する. これに起因する圧力上昇の効果で, 特に静止質量密度が低い自転軸近傍では, 物質が外向きに加速される. この加速により, 物質放出が促進される. なお, もしもニュートリノと反ニュートリノの光度が十分に高く, 対消滅によるエネルギー注入効率も高ければ, 物質が光速度近くにまで加速され, γ線バーストとして観測されるかもしれない. しかし大質量中性子星が中心に存在する場合には, その周囲に物質が一定量常に存在するため, 加速効率が限定されると推測される. エネルギーを与える対象である物質が多く存在するからである. そのため, この可能性については今のところ詳しくわかっていない.

　磁気流体効果も, 大質量中性子星の進化に影響を及ぼしうる. 流体力学効果だけが存在する場合に角運動量輸送を担うのは, 天体の非軸対称性に付随する重力的トルクだが, これは合体後最初の数十ミリ秒でのみ重要な効果である. 磁気流体効果が存在するとこれに起因する乱流が発生し, より長時間にわたる角運動量輸送に重要な役割を果たしうる. 乱流は特に, 大質量中性子星の磁場強度が大きい場合に発達すると推測されるのだが, それは実際に, 合体時に大幅に増すと予想される. なぜならば, 合体時には2つの中性子星が反対向きの速度場をもつため, ケルビン・ヘルムホルツ不安定性と呼ばれる流体不安定性が発生し, 短時間に大量の渦を生成させるからである. この

渦運動により磁場の巻き込みが起き，磁場強度が必然的に増大する．

数値相対論に基づく最新の磁気流体シミュレーションによると，磁場強度はケルビン・ヘルムホルツ不安定性により，最低でも $10^{16}$ G 程度にまで数ミリ秒以内に増大することがわかっている．また，磁場強度は，空間的に非一様に増大する．このように時間的にも空間的にも変化の激しい環境下では，流体は往々にして乱流状態になることが知られている．大質量中性子星内の広い領域で渦が発生するので，乱流は大局的に不規則な流れを作り出す．すると，流体は実効的に粘性流体のように振る舞うと考えられる．磁気乱流に関しては，天体周りの降着円盤を対象にした高解像度磁気流体シミュレーションがこれまでに最も詳細に行われてきたが，それによると，何らかの過程（降着円盤の場合は磁気回転不安定性が主過程）で，いったん乱流が発生すると，実際に，非常に大きな実効的粘性が誘発されることが示されている．

大きな粘性が存在すると，効率的に角運動量が輸送される．したがって，大質量中性子星内部では，角運動量輸送が非常に短時間で進み，初期に自転角速度が非一様でも，即座にならされてしまうかもしれない（粘性は隣接する流体素片間の速度差をならす働きをする）．また，効率的な角運動量輸送に伴い，大質量の降着円盤の形成や物質放出（5.1.3 項参照）が一層進む可能性もある．

また物質が放出されるとそれに付随して磁束も放出されるが，大質量中性子星や降着円盤から飛び出した磁束は，最終的に中心天体を起点とした大局的な磁場構造を発展させると考えられる．このような大局的な磁場は，大質量中性子星や降着円盤の回転に伴い回転するが，その際に磁気遠心力風を駆動すると思われる．この効果によっても，物質放出が促進されると推察される．

これらの推測を第一原理的に確かめるには，高解像度の磁気流体シミュレーションが不可欠である．残念ながら，現在の最先端のコンピュータを用いても，十分な解像度でこれを行うことはできない[1]．そのため，粘性流体シミュ

---

[1] 2021 年初頭の段階で，筆者の研究グループが占有して使用可能なコンピュータの演算速度は，せいぜい 1.5 PFlops である．高精度の磁気流体シミュレーションに要求される演算速度は，その 10 倍程度と見積もられる．2021 年から本格稼働が予定されている富岳計算機をある程度使用することができれば，これまでにない解像度で磁気流体シミュレーションを実行できる可能性がある．

レーションが代行手段としてしばしば用いられるが，磁気流体現象と全く同じ結果が得られるわけではない．この問題の完全な解明には，さらなる規模の高性能コンピュータの開発が待たれる．

### (b)  降着円盤の進化過程

降着円盤の進化過程でも，ニュートリノ放射による冷却や磁気流体効果などによる角運動量輸送が重要だが，特に降着円盤においては，磁気回転不安定性と呼ばれる不安定性とそれに伴って起きる角運動量輸送が大変重要である．この不安定性は，磁場が存在し，かつ角速度が外側に向かって減少する磁気流体で発生するが，降着円盤の角速度は近似的にケプラー回転則（円筒座標系における動径座標を $\varpi$ として $\Omega \propto \varpi^{-3/2}$）に従うので，不安定性の条件を満たす．不安定性が発達すると乱流が発生し，磁気流体は大きな粘性をもつ粘性流体と似た振る舞いをすることになる．降着円盤の場合には，角運動量が内側から外側へと輸送され，その結果，内側の物質は中心天体へと落下する一方で，外側の物質は角運動量を受け取ることにより，徐々に外に向かって広がる．内側に落下する物質と外側に広がる物質の割合は，中心天体がブラックホールであれば，8:2 から 9:1 程度，大質量中性子星ならば，2:1 程度と考えられている．大質量中性子星の場合に外側に広がる物質の割合が高いのは，中性子星表面に物質が落ちるにはその重力的束縛エネルギー程度（静止質量エネルギーの 10%〜20% 程度）をニュートリノ放射で散逸させる必要があるため，それにかかる時間の分だけ落下が抑制されるからである．

粘性効果によって，降着円盤内で角運動量輸送が起きる時間スケールは，動粘性係数 $\nu$ を用いて，円筒座標 $\varpi$ において近似的に次式で評価される：

$$\tau_{\mathrm{vis}} = \frac{\varpi^2}{\nu}. \tag{5.2}$$

ここで，磁気回転不安定性によって発生する実効的な粘性の場合には，$\nu$ が近似的に次のように書けることが知られている（例えば文献 [5] 参照）：

$$\nu = \alpha_{\mathrm{vis}} c_s H. \tag{5.3}$$

$c_s$ が音速を，$H$ が降着円盤の鉛直方向の厚さを表し，$\alpha_{\mathrm{vis}}$ はアルファパラメータと呼ばれる，大きさが $O(10^{-2})$ の無次元量である．式 (5.3) と連星中性子星の合体で誕生する降着円盤に典型的な値を用いて $\tau_{\mathrm{vis}}$ を評価すると，

$$\tau_{\mathrm{vis}} \approx 0.55\,\mathrm{s} \left(\frac{\alpha_{\mathrm{vis}}}{0.02}\right)^{-1} \left(\frac{\varpi}{50\,\mathrm{km}}\right)^2 \left(\frac{c_s}{0.05c}\right)^{-1} \left(\frac{H}{20\,\mathrm{km}}\right)^{-1}, \qquad (5.4)$$

と粘性過程の時間スケールが得られる．他方，降着円盤の公転周期は，$M$ を中心天体の質量とすれば，次式で評価される：

$$P = 2\pi\sqrt{\frac{\varpi^3}{GM}} \approx 3.8\,\mathrm{ms} \left(\frac{M}{2.5M_\odot}\right)^{-1/2} \left(\frac{\varpi}{50\,\mathrm{km}}\right)^{3/2}. \qquad (5.5)$$

したがって，$\tau_{\mathrm{vis}}$ は公転周期の $10^2$ 倍程度である．

　図 5.5 に，質量が $3M_\odot$，スピンパラメータが $\chi = 0.8$ のブラックホールと，質量が $0.1M_\odot$ の降着円盤からなる系に対する完全に一般相対論的な粘性流体シミュレーションの結果を一例示した．上で述べたように，降着円盤は数百ミリ秒かけてゆっくりと外側に向かって膨張することが見てとれる（右上と左下のパネルを参照のこと）．

　粘性効果で起きるもう 1 つの重要な現象は，運動エネルギーの散逸による熱的内部エネルギーの発生である．この粘性加熱のため，密度が $10^{11}\,\mathrm{g/cm}^3$ 程度の降着円盤では，$10^{10}\,\mathrm{K}$ を有意に超える高温状態が実現される．先に述べたように，このような高温・高密度状態では，ニュートリノが大量に放射される．ゆえに，粘性効果で発生した熱的内部エネルギーの大部分は，密度と温度が高い限り，ニュートリノ放射によって失われる．そのため，ニュートリノ放射が効率的に起きる間は，粘性加熱起源の熱的内部エネルギーに由来する圧力が，降着円盤を急激に膨張させるようなことはない（図 5.5 の $t < 1$ 秒の段階に対応する）．

　しかし降着円盤内では，粘性効果による角運動量輸送により，物質が徐々に外側に向かって広がるため，温度と密度が下がり続ける．そのため，ニュートリノの放射効率も下がる．ここで考えている降着円盤の物理的条件下では，ニュートリノ光度は近似的に温度の 6 乗に比例する．したがって，温度が下

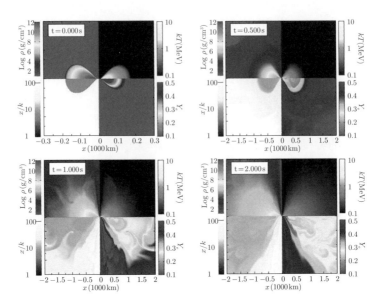

図 **5.5** 粘性流体過程により，ブラックホール周りの降着円盤が膨張し，最終的に物質放出が起きる様子．$x$-$z$ 面の質量密度 ($\rho$)，温度 ($kT$)，1 核子あたりのエントロピー ($s/k$)，および電子濃度 $Y_e$ を $t = 0$（左上），0.5 秒（右上），1 秒（左下），2 秒（右下）に対して表示（$k$ はボルツマン定数）．$t = 0$ のパネルは 300 km 四方を，それ以外は 2000 km 四方を表示．この例では，ブラックホールの質量が $3M_\odot$，スピンパラメータが $\chi = 0.8$，降着円盤の質量が $0.1M_\odot$ である．また粘性効果による角運動量輸送の時間スケールが，0.5 秒程度である．なお $z$ 軸はブラックホールと降着円盤の自転軸を表す．S. Fujibayashi et al., Physical Review D **101**, 083029 (2020) から転載（口絵 4 参照）．

がるとニュートリノ放射による冷却率が急激に下がる．その結果，ある程度まで温度が下がると，粘性効果により増える余剰内部エネルギーが，ニュートリノ放射ではなく，主として降着円盤の急激な膨張に使われることになる．この膨張が起きるのは，降着円盤の温度がおよそ $3 \times 10^{10}$ K を下回ってからである．そしてこの急激な膨張が，降着円盤からの物質放出を引き起こす（図 5.5 の $t \gtrsim 1$ 秒に対応）．合体から $10\tau_{\mathrm{vis}}$ 程度経過した後には，物質放出が十分に進み，降着円盤は希薄になるだろう，と推測されている．

磁気流体効果は，乱流を通じて実効的な粘性を生み出す以外にも，直接的に流体の運動に影響を与えうる．例えば，降着円盤を貫く磁場が大局的に存

在すれば，磁気遠心力風と呼ばれる効果により，降着円盤から物質が剥ぎ取られうる．また，先に述べたように降着円盤は差動回転しているので，一般的には，磁場の巻き込みと呼ばれる効果で，公転運動に伴って磁場が増幅される．その結果，磁気圧が増加し，降着円盤からの物質放出が一層促進される可能性がある．これらの効果は，$\tau_{\mathrm{vis}}$ 以内にすばやく働くかもしれない．もしもこれらの効果が支配的ならば，降着円盤からの物質放出はよりすばやく起きる．しかし現在のところ，降着円盤にどのような磁場構造が実現するのかについては詳しくわかっておらず，そのため物質放出がどのタイミングで起きるかについて完全には理解されていない（5.1.3 項も参照のこと）．

### 5.1.3 物質の放出とその性質

連星中性子星が合体するとき，中性子星同士の接触面で衝撃波が発生する（例えば図 5.1 の上段右のパネル参照）．すると，衝撃波で十分に加熱された物質は，系から飛び散っていく．また，図 5.1 の中段，下段のパネルからわかるように，合体直後に大質量中性子星が形成される場合には，それは非軸対称変形していると同時に，合体過程を反映して高速回転しているうえに大きく振動している．すでに述べたように，非軸対称変形している天体は，周囲の物質に重力的トルクを働かせる．大質量中性子星の振動によっても，外縁部の物質にエネルギーが与えられる．これらの過程で，角運動量や運動エネルギーを十分に獲得した外縁部の物質は，系から飛び出す．以上挙げたような合体時の物質の運動に起因する物質放出過程は，ダイナミカルな物質放出と呼ばれ，合体後約 10 ミリ秒以内に起きる．

これら以外にも，物質放出を引き起こす効果が複数存在する．1 つはニュートリノ照射である．5.1.2 項で述べたように，合体後に誕生する大質量中性子星は，強力なニュートリノ放射源である．ニュートリノは弱い相互作用しかしないので，一粒子が物質に与える影響は極めて弱いが，その光度が高い場合，トータルでは無視できない影響がある．今の場合，ダイナミカルな物質放出過程だけによっては系から脱出できなかったものの，重力的束縛が弱められた物質が合体直後に一定量存在する．このような物質が大量のニュー

表 **5.2**　放出物質（エジェクタ）の性質のまとめ．上からそれぞれ，ダイナミカルな
物質放出，ニュートリノ照射による物質放出，降着円盤からの物質放出に対し
て記載．3 種類の過程で物質放出が起きると考えられるが，各々に対し放出さ
れる物質の性質は異なる．記載された値は，大まかな傾向を示す値である（し
たがって例外もありうる）．放出時期は合体開始後の時刻を記載．降着円盤か
らの物質放出の時期が正確にわかっていないため，電子濃度（$Y_e$）やランタノ
イドの有無には不定性がある．詳しくは本文を参照のこと．

| 放出過程 | 放出時期 | 質量 ($M_\odot$) | 速度 ($c$) | $Y_e$ | ランタノイド |
|---|---|---|---|---|---|
| ダイナミカル | $\lesssim 10$ ms | $10^{-3}$–$10^{-2}$ | 0.15–0.25 | 0.05–0.4 | 有 |
| ニュートリノ | $10$–$10^2$ ms | $\lesssim 10^{-3}$ | 0.1–0.2 | $\sim 0.5$ | 無 |
| 降着円盤 | 0.1–10 s | $10^{-3}$–0.1 | 0.05–0.1 | 0.2?–0.5? | 有・無 |

トリノ照射を受けると，系から脱出するのに十分なエネルギーを最終的に得
る．こうして起きる物質放出は，ニュートリノ照射による物質放出と呼ばれ，
ニュートリノ光度が高い，合体後 100 ミリ秒ほどの間に効率良く起きる．

　さらに，5.1.2 項で述べたように，合体後に誕生する降着円盤からも，磁気
流体効果やその結果実効的に生じる粘性効果によって物質放出が起きる．こ
れは，合体後数秒かけて，ダイナミカルな物質放出やニュートリノ照射によ
る物質放出に比べるとゆっくりと進む（図 5.5 の下段のパネル参照）．

　数値相対論を用いた研究によると，ダイナミカルな物質放出で，$10^{-3}$〜
$10^{-2} M_\odot$ 程度の物質がまずは放出される（表 5.2 参照）．幅が大きいのは，放
出量が，連星中性子の個々の中性子星の質量や，不定性が大きい中性子星
の状態方程式に強く依存するためである．例えば，2 つの中性子星の質量に
有意な非対称性がある場合（質量比が 0.8 程度以下の場合）には，軽い方の
中性子星に重い方の中性子星からの潮汐力が効率良く働くため，より多くの
物質が放出される．また連星の合計質量が約 $2.6 M_\odot$ を下回る場合には，衝撃
波加熱効果が弱いため，放出量が $10^{-3} M_\odot$ 程度と小さめになることも知られ
ている．なおダイナミカルに放出される物質の速度は，中性子星からの脱出
速度程度で，平均で光速度の 15%〜25% である．ただし少量ではあるが，光
速度の 80% 以上に達する速度をもつ物質も，合体時の衝撃波加熱の影響で放
出される．5.1.6 項で触れるが，この高速成分は将来の電磁波観測で確認され
る可能性がある．

ニュートリノ照射により放出される物質量は，ダイナミカルに放出される物質量に比べると少なく，最大でも $10^{-3}M_\odot$ 程度である．他方，降着円盤からは，実効的粘性の効果によって大量の物質が放出されると考えられている．連星中性子星の合体後に誕生する大質量中性子星やブラックホールの周りには，質量が典型的には $0.01\sim0.3M_\odot$ 程度の降着円盤が形成しうる．特に大質量中性子星が存在する間は，降着円盤の質量が $0.1M_\odot$ を超える．複数のシミュレーションの結果によると，中心天体がブラックホールの場合には降着円盤質量の10%〜20%程度が，大質量中性子星の場合には降着円盤質量の1/3程度が，粘性効果で系外に放出される．よって大質量中性子星が誕生する場合，最大で $0.1M_\odot$ 程度の物質が放出されうる．したがって，質量の大きい降着円盤が誕生する場合には，降着円盤が物質放出の主要源になる．

降着円盤から粘性過程によって放出される物質の速度は，ダイナミカルな放出物質（エジェクタ）の速度よりも遅く，平均で光速度の5%〜10%である．物質放出は降着円盤の外縁部から起きるのだが，その領域の脱出速度が典型的な放出速度になるからである．速度が小さいので，降着円盤からの放出物質が，先に飛び散るダイナミカルな放出物質に追いつくことはないと考えられる．つまり，2つの成分は，別々な成分として飛び散ると推測される[2]．

放出された物質は多くの場合，中性子過剰なため，その中で $r$ プロセス元素合成が起きると考えられる（5.1.4項参照）．これとの関連では，質量と速度以外にも，中性子過剰度が注目すべき物理量になる．中性子過剰度が高く，電子濃度 $Y_e := 1 - n_n/(n_p + n_n)$（$n_n$ と $n_p$ は中性子と陽子の数密度）が小さいと（例えば $Y_e < 0.1$ だと），5.1.4項で見るように中性子過剰な重元素が大量に合成される．他方，$Y_e$ が0.5に近づくと，$r$ プロセス元素合成が抑えられる．我々の太陽系内では，質量数が異なる多様な $r$ プロセス元素が存在する（例えば図5.8の黒丸参照）．仮にその組成分布が連星中性子星の合体により実現されたとすれば，幅広い $Y_e$ 分布が放出物質内で実現されていなくて

---

[2] 磁気遠心力風のような磁気流体効果が効くと，放出速度はより大きくなり，降着円盤からの放出物質がダイナミカルな放出物質と衝突する可能性も考えられる．これが起きるかどうかを明らかにするには高解像度の磁気流体計算が必要だが，これを実行するのは今後の課題である．

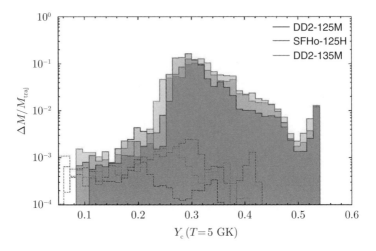

図 **5.6**　質量がともに $1.25M_\odot$(DD2-125M, SFHo-125M) あるいは $1.35M_\odot$(DD2-135M) の中性子星同士の合体により放出される物質の電子濃度 $(Y_e)$ ごとの質量分布．どのモデルでも，合体後に大質量中性子星と降着円盤からなる系が誕生する．実線が，合体後に形成される降着円盤から粘性過程を通じて放出される物質とニュートリノ照射によって放出される物質の合計に対する $Y_e$ 分布を，点線がダイナミカルに放出される物質の $Y_e$ 分布を示す．どの場合も降着円盤からの物質放出が支配的である．DD2 と SFHo は異なる中性子星の状態方程式を表す．S. Fujibayashi et al., Astrophysical Journal **901**, 122 (2020) から転載．

はならない（詳しくは 5.1.4 項参照）．

　最近の数値相対論の計算結果によると，幅広い中性子過剰度が，ダイナミカルな放出物質の中では実現されそうである．一例として，図 5.6 の点線を参照していただきたい．この例では，$Y_e$ の値が平均で 0.2 程度であり，物質が中性子過剰であることを示してはいるが，かといって極端に小さな値ばかりではなく，約 0.05 から 0.4 までの幅広い値を取ることが見てとれる．これは，質量数の大きい多様な $r$ プロセス重元素を合成させるには適した分布である．なお，SFHo と DD2 は異なる状態方程式を表すが，この違いで，ダイナミカルな放出物質の総量と $Y_e$ の分布が多少変化する．

　ここで次の疑問が生じるかもしれない：中性子星はその名のとおり非常に中性子過剰度が高い天体であり，合体する以前の $Y_e$ の平均値は 0.1 以下にもか

かわらず，なぜ $Y_e$ の大きな物質が放出されるのだろうか？ これに対する答えは，連星中性子星の合体過程と密接に関係がある．先に述べたように，ダイナミカルな物質放出は，中性子星同士の合体時に発生する衝撃波による加熱と，大質量中性子星が周囲に重力的に与えるトルクなどを介して引き起こされる．トルクなど重力的影響だけで物質放出が起きるならば，中性子過剰度は高いまま（$Y_e$ は低いまま）保たれるのだが，衝撃波加熱が起き，大質量中性子星が $10^{11}$ K（約 $10\,\mathrm{MeV}$）を超える高温になるため組成が変化するのだ．具体的には，このような高温環境下では，まず光子から電子・陽電子対が随時生成される．電子と陽電子の合計質量エネルギーは約 $1\,\mathrm{MeV}$ なので，粒子のもつ平均的な熱的エネルギーに比べると値が小さいからである．陽電子が多量に存在する環境では，大量に存在する中性子 ($n$) の一部は，次式の陽電子捕獲により，陽子 ($p$) に変換され，中性子過剰度が下がる：

$$n + e^+ \to p + \bar{\nu}_e. \tag{5.6}$$

さらに，大質量中性子星からの高光度ニュートリノ照射の影響も無視できない．エネルギーの高い（$10\,\mathrm{MeV}$ 程度の）電子ニュートリノと反ニュートリノが大量に放射される領域では，以下の反応が頻繁に起きる：

$$p + \bar{\nu}_e \to n + e^+, \qquad n + \nu_e \to p + e^-. \tag{5.7}$$

その結果，2 つの反応が平衡状態に達するように中性子と陽子の分布が変化する．電子ニュートリノと反ニュートリノの光度や平均エネルギーは若干異なるものの，大まかに言えば同程度である．そのため，中性子と陽子の量も同程度になる方向に変化する．したがって，$Y_e$ は 0.5 に向かって変化する．特に，ニュートリノ照射の影響を十分に強く受けた放出物質の場合，$Y_e$ が 0.5 程度になる．例えば，ニュートリノ照射によって放出された物質の $Y_e$ は 0.5 付近に分布する．そのため，この成分からは $r$ プロセス元素は合成されない．

粘性効果で降着円盤から放出される物質の場合には，ニュートリノ照射に加えて別の弱い相互作用効果が，$Y_e$ を大きくする．その結果，$Y_e$ は典型的に

は 0.3 付近にピークをもつ（図 5.6 の実線参照）．これは，降着円盤の進化過程を反映して起きる．5.1.2 項で述べたように，降着円盤は粘性効果による角運動量輸送を経て，数百ミリ秒かけて比較的ゆっくりと膨らむ．そして最終的に，物質が放出されると考えられる．物質放出までにかかる時間が長いのは，粘性効果による角運動量輸送の時間スケールが長いからだが，この進化の間に，降着円盤の組成が弱い相互作用の影響で変化してしまうのだ．この現象の要点を話す前に，これと密接な関係があるので，まず，中性子星がなぜ中性子だらけなのかについて簡単に復習しておこう（詳しくは文献 [5] の第 2 章を参照のこと）．

　ここでは簡単のため，陽子, 中性子, 電子だけからなる天体を考える．各粒子の熱的エネルギーは, 中性子と陽子の静止質量エネルギーの差 ($\Delta_{pn} = 1.293\,\mathrm{MeV}$) に比べれば十分に小さいものとする．また電荷はトータルで中性とする．つまり, 電子と陽子の数は等しい．この設定では, 中性子と陽子の間は, $n \leftrightarrow p + e^-$ の反応で行き来することになる（この反応でニュートリノが生成されるが, ニュートリノは系外に逃れるとし, 今はそれを無視する）．この天体の密度が低い場合は, それぞれの粒子は理想気体として振る舞う．また中性子のほうが陽子よりも質量が大きく不安定なため, ほぼすべてが陽子になっている．しかし, 中性子星ほどに密度が高いと粒子は縮退し, 縮退の効果が天体の性質を決める．ここで縮退の効果は, 質量の軽い粒子に対して, より低密度から重要になり, 天体全体の熱的状態に最も大きな影響を与えることになる．したがって今の場合, 電子の縮退がより低密度から重要になる．電子の縮退度が上がると, 電子のフェルミエネルギー（つまり 1 電子がもつ最大のエネルギー）が非常に大きくなる．それがやがて中性子と陽子の間の質量エネルギー差 $\Delta_{pn}$ を超えると, 陽子と電子から中性子を作ったほうがエネルギーとしては低くてすむので, 安定になる（生成された中性子は, 電子縮退の影響で陽子と電子に崩壊できない）．この設定で中性子が現れ始める密度は, およそ $10^7\,\mathrm{g/cm^3}$ ある．つまりこの時点で, 電子のフェルミエネルギーが $\Delta_{pn}$ に達する．さらに密度が上がると, そのフェルミエネルギーは数密度の約 1/3 乗に比例して増加するため, 電子は一層存在しにくくなり, 中性子数がます

ます増える．これが中性子星のように高い密度（$10^{14}\,\mathrm{g/cm^3}$ 以上の密度）を
もつ天体が，中性子だらけになる大雑把な理由である．なお，仮に温度が非
常に高く，各粒子の熱的エネルギーが電子のフェルミエネルギーを超えれば，
中性子星の中性子過剰度は下がる．しかし，それには非現実的な高温度が要
求される．

　降着円盤内でも，誕生時の最大密度が $10^{11}\sim10^{12}\,\mathrm{g/cm^3}$ 程度なので，やは
り中性子過剰度は高い．温度も $10^{10}\,\mathrm{K}$ を超えるほどに高く，各粒子の熱的エ
ネルギーは無視できるほどに低くはないが，それでもこの程度に密度が高い
と，中性子過剰度を決定的に引き下げるほどには熱的エネルギーは十分に高
くない．しかし，粘性効果による角運動量輸送とともに降着円盤は膨らみ，や
がて密度が下がる．すると，電子の縮退度が下がり，その結果，中性子の過
剰度も下がる．粘性過程で進化した降着円盤からの物質放出は，最大密度が
$10^9\,\mathrm{g/cm^3}$ 程度にまで下がった後に起きるのだが，ここまで密度が下がると
$Y_e$ の値は平均で 0.3 程度にまで上がる．したがって降着円盤から放出される
物質は，極端に中性子過剰にはならない．この事情は，中心天体が大質量中
性子星だろうが，ブラックホールだろうが，ほとんど変わらない．

　ここで注意しなくてはならないのは，上の議論は，降着円盤が粘性効果によ
る角運動量輸送によって進化する，と仮定した場合にのみ成立する点である．
仮に，降着円盤の密度が十分高く，$Y_e$ の値が十分に低い間に，よりすばやく
物質放出が進めば，上の議論は成り立たない．例えば，物質を吹き飛ばすの
に都合の良い形状の磁場が存在すれば，すばやい物質放出が起き，$Y_e$ の値が
0.1〜0.2 程度の物質が豊富に放出されうる（本章脚注 2) 参照）．このことは，
理想化された（あまり現実的とは言えない）過去の数値シミュレーションで
示されてきた．しかし，現実的な磁場の形状は，今のところまるでわかって
いない．それは，連星中性子星の合体過程で決まるはずだが，信頼できる知
見を得るのに十分な精度のシミュレーションを実行するのが，今でも難しい
からである．したがって現時点では，降着円盤から放出される物質の $Y_e$ は，
放出のタイミング次第で，平均で 0.2 程度に低くなりうるし，逆に 0.3〜0.4

程度に高くもなりうる，としか言えない．この不定性を改善するのは，今後
のシミュレーション研究の課題である．

　表5.2に放出物質の性質を，各放出過程ごとにまとめた．これまで述べて
きたように，大まかには3種類の放出物質が存在する．その中でも特に，ダ
イナミカルな放出物質と降着円盤からの放出物質が主要成分であり，これら
が5.1.4項で述べる $r$ プロセス元素合成と5.1.5項で述べるキロノバの様相を
決める．5.1.5項で詳しく記すが，$r$ プロセス元素合成後に放射性不安定な原
子核が放射性崩壊を通じて放出物質を熱する．この加熱効率は，合成される
元素の組成に強く依存する．具体的には，より質量数の大きい元素が合成さ
れるほうが，加熱効率は高くなる．表5.2には記載しなかったが，この情報
もキロノバの光度曲線を決めるうえで重要である．

## 5.1.4　放出される物質中の $r$ プロセス元素合成

　最初に $r$ プロセス元素合成の基礎について簡単に触れよう．自然界には多
様な元素が存在するが，それらはいくつかの異なる起源をもつ（例えば文献
[8] 参照）．鉄より質量数の小さい元素は，基本的には，宇宙誕生直後に起き
たビッグバン，それ以降に誕生した恒星の中の熱核融合反応，および重い恒
星の進化の最後に発生する超新星爆発に伴う熱核融合反応を通じて合成され
たことがわかっている．一方，鉄より質量数の大きい元素の多くは，熱核融
合反応で合成されたのではなく，比較的質量数の小さい種元素が中性子を連
続的に捕獲することにより合成されたと考えられている．

　太陽系に存在する元素の組成比から，中性子捕獲過程にも，中性子をゆっ
くりと捕獲する $s$ (slow) プロセスとすばやく捕獲する $r$ (rapid) プロセスの2
種類が存在することがわかっている．ここで slow と rapid はそれぞれ，中性
子捕獲の時間スケールが，$\beta$ 崩壊の時間スケールに比べて遅いか速いかを指
す．$s$ プロセスでは，原子核が少数個の中性子を捕獲するたびに $\beta$ 崩壊を起
こすため，元素合成中の原子核内で陽子に対する中性子の割合が1から極端
にずれることはない．また $s$ プロセスで合成されるのは鉛までで，それより
も質量数の大きい元素は合成されない．一方，$r$ プロセスでは，原子核中の

中性子数が次々に増えるため，中性子過剰な原子核が合成される．また，ウランのような超重元素も合成される．

$r$ プロセスが進む様子を，中性子数 $(N)$ と陽子数 $(Z)$ からなるグラフ上で示した図 5.7 を見ていただきたい．一番上のパネルが，当初の原子核分布を示す．最初は，中性子過剰ながらも，比較的質量数の小さい原子核と中性子のみが存在する．この段階では，大部分の原子核の陽子数が鉄 $(Z = 26)$ よりも小さい．しかし，大量の中性子が存在する環境下では，連続的に中性子捕獲が進み，次々と中性子過剰な重原子核が合成される（2, 3 番目のパネル）．特に，$r$ プロセスの進行中は，結合エネルギーが 0 に近く，中性子が非常に過剰で不安定な原子核が次々と合成される（3 番目のパネル）．注目すべきは，質量数がウランを超えるような超重元素でさえも合成されることである．しかしやがて，$\beta$ 崩壊，$\alpha$ 崩壊，核分裂などの放射性崩壊にかかる時間スケールが中性子捕獲の時間スケールよりも短くなる．すると，より安定な原子核に向かい放射性崩壊を起こす（4 番目のパネル）．そして最終的には，中性子が少々過剰だが安定な元素に落ち着く（安定な $r$ プロセス元素の組成については，図 5.8 の黒丸を見よ）．

$r$ プロセスが実現するには，強い中性子照射源が必要になる．原子核が $\beta$ 崩壊を起こす前に次の中性子を捕獲しなくてはならないからである．必要とされる中性子の数密度 $n_n$ は，競合する $\beta$ 崩壊の時間スケールと中性子捕獲の時間スケールとの比較から評価できる．例えば，関与する $\beta$ 崩壊の時間スケールを，典型的な値である $t_\beta = 1$ マイクロ秒としよう．中性子の熱的運動の速度 $v_n$ を光速度の 1%程度，中性子捕獲の断面積を $\sigma_n \sim 10^{-25}\,\mathrm{cm}^2$（原子核の半径の 2 乗程度）とすれば，$r$ プロセスが進むには，$n_n = 1/(\sigma_n v_n t_\beta) \sim 3 \times 10^{22}\,\mathrm{cm}^{-3}$ 以上の中性子数密度が必要になる．これは，とんでもなく高い数密度である（地球大気中の分子の数密度よりも高い）．したがって，このような環境を作り出すのは，中性子星または高密度の降着円盤が関係している現象しか自然界ではありえない．さらに，合成された重元素は生成源から放出されないと観測対象にならないので，何らかの物質放出過程も必要である．そのため，この現象の候補は，大質量星の重力崩壊に伴う爆発（例えば超新星爆発）か中

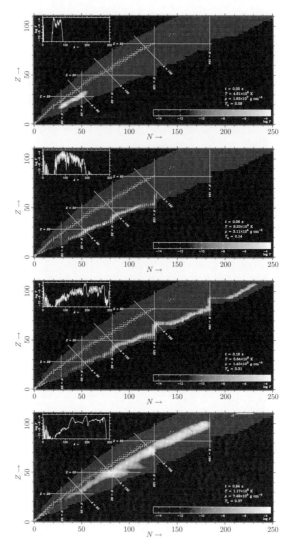

図 **5.7**　r プロセス元素合成が進み（1〜3 番目のパネル），最終的に放射性崩壊に対し
安定な元素に落ち着く様子（4 番目のパネル）．各パネルとも，横軸が原子核
の中性子数（N），縦軸が陽子数（または電荷数，Z）を表し，また時刻，温度，
密度，電子濃度（$Y_e$）を右隅に表示．白の濃淡が元素合成中の各原子核の存在
割合を表す．また，各パネルの対角線上に分布する白丸が安定な原子核を，微
小点が既知の原子核（多数の同位体元素）を表す．各パネルの左上に表示され
ている図は，質量数 A をもつ原子核の数密度分布である．図は，和南城伸也
氏が提供．

性子星連星の合体に限られる．このような事情により，連星中性子星の合体
は，$r$ プロセス元素の合成現場の候補に長く挙げられてきた．

5.1.3 項で述べたように，連星中性子星の合体および合体後には，太陽質量
の 1%から 10%にも及ぶ大量の物質が放出されうる．また放出される物質は，
大抵が中性子過剰である．そのため，$r$ プロセス元素合成が効率良く起きう
る．5.1.3 項で触れたように，中性子過剰度は $Y_e$ を用いて表現され（$Y_e$ が小
さいと中性子過剰度が高い），合成される元素は大雑把には以下のように大別
される．(i) $Y_e \lesssim 0.1$ なら，ウランのような超重元素を含め，質量数が 130 を
超える $r$ プロセス重元素ばかりが合成される；(ii) $0.1 \lesssim Y_e \lesssim 0.25$ なら，質
量数が約 90 以上の $r$ プロセス元素が幅広く合成される；(iii) $0.25 \lesssim Y_e \lesssim 0.4$
なら，質量数が 130 程度までの $r$ プロセス元素は合成されるが，それ以上の
重元素はあまり合成されない；(iv) $Y_e \gtrsim 0.4$ なら，質量数が 100 に満たない
比較的軽い重元素のみが合成される．したがって，連星中性子星の合体およ
び合体後に放出される物質のように幅広い $Y_e$ 分布をもつ場合には（図 5.6 参
照），幅広い質量数をもつ $r$ プロセス元素が合成される．なお，次項で述べる
キロノバの光り方は，ランタノイドの総量に大きく依存する．ランタノイド
は質量数が約 140 から 175 まで（原子番号は 57 から 71 まで）の元素族なの
で，$Y_e$ の値が約 0.25 を下回る中性子過剰な放出物質からのみ合成される．こ
の事実が 5.1.5 項では重要になるので御記憶願いたい．

図 5.8 に，元素合成計算の結果を一例示した．この図では，連星中性子星の
合体時にダイナミカルに放出される物質中で合成される元素（点線），および
合体後に放出される物質中で合成される元素（実線）に対する計算結果が別々
に示されている．後者に関しては，典型的な粘性係数を用いて得られた 3 通
りの結果 (DD2-125M, DD2-135M, SFHo-125H) の他に，大きな粘性係数を仮
定したために降着円盤からの物質放出がすばやく起きる場合 (DD2-125M-h)
の結果も示されている．この図が明示するように，ダイナミカルに放出され
る物質からは，質量数が 80 以上の重元素が主に合成される．特に，第二ピー
ク (質量数が 130 付近)，第三ピーク（質量数が 195 付近）と呼ばれるピーク
付近の $r$ プロセス元素が大量に合成されるのが特徴である．また，第二ピー

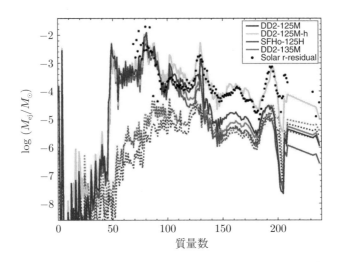

図 **5.8**　質量がともに $1.25M_\odot$(DD2-125M, DD2-125M-h, SFHo-125M) あるいは $1.35M_\odot$(DD2-135M) の連星中性子星の合体により放出される物質内での元素合成計算の結果. 横軸が元素および同位体の質量数を, 縦軸が組成量（質量）を表す. どのモデルでも, 合体後に大質量中性子星と降着円盤からなる系が誕生する. 実線が, 降着円盤から粘性過程によって放出される物質とニュートリノ照射で放出される物質から合成される組成の合計を, 点線が合体時にダイナミカルに放出される物質から合成される組成を示す. どの例でも, 降着円盤から放出された物質による寄与が支配的である. DD2 と SFHo は異なる中性子星の状態方程式を示す. DD2-125M-h モデルでは大きな粘性係数を仮定しており, それ以外では標準的な粘性係数を仮定している. また黒丸は太陽系の組成分布を表す. S. Fujibayashi et al., Astrophysical Journal **901**, 122 (2020) から転載（口絵 5 参照）.

クと第三ピークの中間に存在するランタノイドが多量に合成されることが, 観測的には重要である. これらは, $Y_e$ の小さい物質から合成される.

　他方, 降着円盤から放出される物質中では, 第一ピーク（質量数が 80〜90）付近と第二ピーク付近の元素が大量に合成される. これらは比較的 $Y_e$ が小さい ($Y_e \sim 0.3\sim0.4$) 物質が起源である. この他にも, 第一ピークよりも質量数の小さい領域（質量数が 48 から 80 くらいまで）に多くの元素が見られるが, これらは $Y_e$ が 0.4〜0.5 程度の物質から, $r$ プロセスではなく, 熱核融合反応もしくは準熱的な核融合反応によって合成される.

　粘性係数が大きく, 物質放出が短時間で進む場合には, 降着円盤から放出

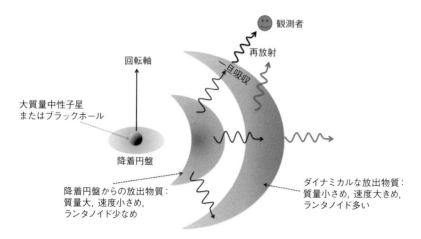

**図 5.9**　連星中性子星の合体により降着円盤が誕生する場合の主要な放出物質の概要. GW170817 のモデルを表示.

される物質中でも，ランタノイド，第三ピーク付近およびそれよりも質量数の大きい領域に重元素が合成される．5.1.3 項で説明したように，降着円盤内で弱い相互作用の影響を長時間受けると，中性子過剰度がだんだんと下がり，$Y_e$ が大きくなる．降着円盤からすばやく吹き飛ばされた成分は，この影響を逃れられるため小さい $Y_e$ が保たれるのだが，この小さい $Y_e$ をもつ物質がここでの重元素合成に寄与している．この例が示すように，物質放出のタイミングが，降着円盤から放出される物質中での重元素合成の組成を大きく左右する．

　まとめると，一般的には，合体時にダイナミカルに放出された物質中で質量数の大きい $r$ プロセス元素が合成され，その後降着円盤から放出される物質中で比較的質量数の小さい $r$ プロセス元素が合成される，と考えられる．図 5.9 に，その概要をポンチ絵で示した．GW170817 に対する可視光・赤外線観測の結果は，各放出物質の質量を適切に選べば，この図に基づくモデルでうまく説明される．実際，図 1.5 の理論光度曲線は，まさにこのようなモデルから得られたものである．しかし，降着円盤から放出される物質の性質は，上で述べたように，理論的には完全には理解されていない．今後の理論

計算の発展，あるいは新たな観測の進展の結果，明らかにされていくことが期待される．

### 5.1.5　キロノバ

前項までに述べたように，連星中性子星の合体時や合体後には，合計で太陽質量の1%から10%程度の中性子過剰物質が放出されうる．それらの物質は，その後，外部に向かって自由膨張するが，多様な中性子過剰度をもつので，その中では，$r$プロセス元素合成の結果，幅広い質量数の$r$プロセス元素が合成されると推測される．

合成される多様な重元素は，当初，いずれも中性子過剰で放射性不安定なため，やがて放射性崩壊し，電子，$\gamma$線，$\alpha$粒子などを放出する．特に，$\beta$崩壊で放出される電子は，放出物質内での加熱に最も寄与する．加熱された物質は，当初は高密度なため光学的に厚いので，外へ電磁波をほとんど放射できない．そのため，崩壊熱が発生しても，物質の断熱膨張で内部エネルギー密度を単に減らすだけである．しかし自由膨張とともに質量密度が下がり，光学的厚さが下がると，やがて電磁波が外部に放射されるようになる．このように，$r$プロセス元素の放射性崩壊熱をエネルギー源として輝く天体が，キロノバと呼ばれる．キロがつくのは，新星（ノバ）の典型的な光度（$10^{38}\,\mathrm{erg\,s^{-1}}$程度）よりも3桁程度高い光度で輝くからである．

放射性崩壊熱の発生率は，後述するように時間とともに下がるので，放出物質からの電磁波放射光度が最大になる時刻は，膨張開始後の時間，$t = r/v$，と光子が放出物質から拡散的に逃げ出すのにかかる時間$\tau_{\mathrm{dif}}$が等しくなるときである．ここで$r$は放出物質を特徴づける半径，$v$は膨張の平均速度である．自由膨張するため$v$はほとんど変化しない．

放出物質の密度の半径依存性は，近似的に$\rho \propto r^{-n}\,(n \sim 3)$のようになることが数値計算の結果からわかっているので，これを用いて光度が最大になる時刻$t_{\mathrm{peak}}$を見積もろう．ただし簡単のため，放出物質は球状に飛び散ることを仮定する．これは少々荒っぽい仮定なので，以下で得られる$t_{\mathrm{peak}}$には因子2程度の不定性がありうることをご了承願いたい．

　放出される物質の全質量を $M_{\mathrm{ej}}$, 光の吸収係数の平均値を $\kappa$ とおく. 平均密度は今の場合, およそ $\rho \approx M_{\mathrm{ej}}/4\pi r^3$ である. ここで光子の平均自由行程は, $\ell \approx 1/\kappa\rho$ と評価される. 最大光度に達するまでは, $\ell$ は常に $r$ よりも小さい. したがって, 光子は物質の外に逃げ出す前に, 何度も散乱を繰り返す. つまり, 光子は拡散的に物質から放射される. ランダムウォークを仮定すれば, 光子が放出物質から逃げ出すまでの散乱回数は平均的に $(r/\ell)^2$ と見積もられる. したがって $\tau_{\mathrm{dif}}$ は, 次式で与えられる:

$$\tau_{\mathrm{dif}} \approx \left(\frac{r}{\ell}\right)^2 \left(\frac{\ell}{c}\right) \approx \frac{\kappa M_{\mathrm{ej}}}{4\pi v r}. \tag{5.8}$$

ここで $t = \tau_{\mathrm{dif}}$ となるのが $t_{\mathrm{peak}}$ なので, 最終的に次式が得られる:

$$\begin{aligned}
t_{\mathrm{peak}} &\approx \sqrt{\frac{\kappa M_{\mathrm{ej}}}{4\pi c v}} \\
&\approx 1.9\,\mathrm{day} \left(\frac{\kappa}{1\,\mathrm{cm^2\,g^{-1}}}\right)^{1/2} \left(\frac{M_{\mathrm{ej}}}{0.03 M_\odot}\right)^{1/2} \left(\frac{v}{0.2c}\right)^{-1/2}.
\end{aligned} \tag{5.9}$$

この表式では, ダイナミカルな放出物質も降着円盤からの放出物質も区別していないが, 5.1.4 項で述べたように, それぞれに対して $M_{\mathrm{ej}}$, $v$, $\kappa$ の取りうる値が大きく異なる (表 5.2 参照). ダイナミカルに放出される物質ならば, $M_{\mathrm{ej}} = 10^{-3} \sim 10^{-2} M_\odot$ 程度, $v_{\mathrm{ej}} = 0.15 \sim 0.25c$ 程度である. 一方, 降着円盤から放出される物質ならば, $M_{\mathrm{ej}} = 0.01 \sim 0.1 M_\odot$ 程度と質量が大きい一方で, $v = 0.05 \sim 0.1c$ 程度と速度が小さいことが予想される. $\kappa$ はランタノイドの有無で大きく異なる. これは, ランタノイドには, 可視光線から赤外線までの幅広い波長域に対して束縛遷移を可能にするエネルギー準位が, 他種の重元素に比べて桁違いに数多く存在するからである. この影響で, ランタノイドが存在しなければ $\kappa \sim 0.1\,\mathrm{cm^2\,g^{-1}}$ なのだが, 十分に存在すると $\kappa \sim 10\,\mathrm{cm^2\,g^{-1}}$, と光の吸収係数が 2 桁も大きくなる. その結果, 観測的特徴はランタノイドの総量に大きく左右される.

　これらの不定性を考慮すると, 光度の高い電磁波が放射されるのは, 連星の合体が起きてから 1 日から 10 日程度経過した後ということがわかる. 放射される電磁波の波長は, 放射時の物質の温度で決まるが, 放出された物質は膨張

とともに典型的な温度を下げ続ける．そのため，合体後，1 日以内には紫外線領域で，数日以内では可視光線領域で主に輝き，さらに時間が経過し 1 週間ほど経つと赤外線領域で主に輝くと推測される．ただし，どのタイミングで最も明るく輝くかは，$t_{\text{peak}}$ 次第である．ランタノイドが多量に存在し $\kappa$ が大きければ，合体後 1 週間ほどしてから赤外線で最も明るく輝くが，ランタノイドが存在せず $\kappa$ が小さければ，合体後 1 日程度で紫外線領域で最も明るく輝くと推測される．仮に $\kappa$ が異なる 2 成分が存在すれば，それらの効果が混ざって見えるはずである．実際，図 1.5 にその光度曲線を示した GW170817 のキロノバの場合には，2 成分の放出物質が存在したのだろう，と解釈されている．つまり，ダイナミカルな放出物質と降着円盤からの放出物質の 2 成分が存在した，とするモデルが支持されている．

次に最大光度について述べる．キロノバの光度は，$\beta$ 崩壊などで発生する単位質量あたりの崩壊熱で基本的には決まる．したがって，放出物質の総質量に主に依存し，次式で評価される：

$$L_{\text{peak}} = (0.5 \sim 1.0) \times 10^{42}\,\text{erg s}^{-1} \left( \frac{M_{\text{ej}}}{0.03 M_{\odot}} \right) \left( \frac{t_{\text{peak}}}{\text{day}} \right)^{-1.3}. \quad (5.10)$$

数係数に不定性があるのは，放射性崩壊熱の発生量とそれを物質が吸収する割合に不定性があるからである．ここで，放射性崩壊を扱っているのに $t_{\text{peak}}$ 依存性が指数関数的ではなく冪的になるのに戸惑うかもしれない．これは，放射性崩壊熱を物質に与える不安定重元素が多数存在し，しかも半減期がそれぞれ異なり幅広い範囲に分布しているため，それらの寄与を足し合わせると冪的になるからである．式 (5.10) を用いると，$M_{\text{ej}} = 0.001 \sim 0.1 M_{\odot}$ に対して，最大光度は $10^{40} \sim 10^{42}\,\text{erg s}^{-1}$ と推測される．GW170817 の場合には，最大光度が $10^{42}\,\text{erg s}^{-1}$ 程度だったので，物質が大量に放出されたと考えられている．

キロノバには，光度や光度曲線に多様性があるはずである．主要な放出物質として，ダイナミカルな放出物質と降着円盤からの放出物質の 2 種類が存在し，それらの各々の質量や存在元素の組成は，合体イベントごとに異なるはずだからである．例えば，合計質量が比較的小さい連星中性子星が合体す

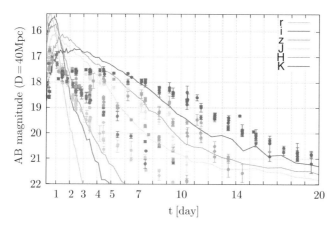

図 **5.10**　ダイナミカルな放出物質が少なく $(0.003M_\odot)$，降着円盤からの放出物質が支配的 $(0.05M_\odot)$ な場合のキロノバの光度曲線モデル．横軸が合体後の経過時間を，縦軸が距離を 40 Mpc と仮定したときの見かけの等級を表す．r, i, z, J, H, K の意味については，図 1.5 の説明文を参照のこと．参考のため GW170817 のキロノバに対する観測データも表示（V. A. Villar et al., Astrophysical Journal **851**, L21 (2018) からデータを取得）．理論曲線のデータは，K. Kawaguchi et al., Astrophys. J. **889**, 171 (2020) から取得．図は川口恭平氏が提供．

ると，ダイナミカルな放出物質はごく少量（$10^{-3}M_\odot$ 程度）である．一方，降着円盤からは大量に（最大で $0.1M_\odot$ 程度）物質が放出されると予想される．また大質量中性子星からのニュートリノ照射効果も甚大になるだろう．この場合には，放出される物質中に含まれるランタノイドが全体として少量になり，$\kappa$ が小さいはずである．その結果，図 5.10 が示すように，GW170817 の場合と比べると，早期に可視光線領域で明るく輝く一方で，後期の赤外線光度は低めになると単純には予想される [3]．

　連星の全質量が $M_{\mathrm{thr}}$ よりも小さいがそれに比較的近い場合には，ダイナミカルな放出物質の質量は $10^{-2}M_\odot$ に達する可能性がある．この場合はまた，大質量中性子星が誕生し，その周りに形成される降着円盤からも，$10^{-2}M_\odot$ を超える物質が放出されると予想される．ダイナミカルな放出物質にはラン

---

[3] 放出物質の形状，密度分布次第では，この結論は変わりうる．自然現象は，人間が思っているよりもはるかに複雑でありうることを，常に頭に入れておく必要がある．

タノイドが大量に含まれるはずなので，少なくとも合体後最初に放出される
物質の $\kappa$ は大きいはずである．すると，図 1.5 に示したように，後期に（合体
後数日から 1 週間程度で）赤外線で明るく輝くと予想される．さらにこの場
合には，降着円盤からも大量に物質が放出されるはずである．仮にそれがラ
ンタノイドをほとんど含まないとすれば，やはり早期に可視光線領域で，キ
ロノバとして明るく輝きそうである．つまり，早期に可視光線で明るく輝き，
後期に赤外線でも明るく輝きそうである．GW170817 のキロノバは，このよ
うにして起きたと推測されている．

　いずれにせよ，キロノバの最大光度は，低いと $10^{40}\,\mathrm{erg\,s^{-1}}$ 程度だが，高
いと $10^{42}\,\mathrm{erg\,s^{-1}}$ に達すると推測される．光度が $10^{40}\,\mathrm{erg\,s^{-1}}$ の光源を，例え
ば，100 Mpc 離れた距離に置くと，その見かけの等級は 23.7 等級である．こ
れは，明るくない光源であることを示す値だが，日本のすばる望遠鏡のよう
な 8 m 級の光学望遠鏡を使えば観測できない明るさではない．重力波観測に
よって，重力波源の方向が 100 平方度以内の精度で決定されれば，一晩でそ
の範囲内の各視野を数分程度ずつ観測することによって，十分に観測可能な
対象になる．一方，光度が $10^{42}\,\mathrm{erg\,s^{-1}}$ の光源を 100 Mpc 離れた距離に置く
と，その見かけの等級は 18.7 等級になり，かなり明るい．この場合には，1〜
2 m サイズの光学望遠鏡で十分に観測可能である．GW170817 では，距離が
約 40 Mpc で最大光度が約 $10^{42}\,\mathrm{erg\,s^{-1}}$ のキロノバが起きたので，多くの望遠
鏡がそれを観測できた．

　キロノバが観測されれば，重力波源の電磁波対応天体を発見できたことに
なり，連星中性子星の合体を観測した確実な証拠になる．さらに，光度曲線と
放射される特徴的な波長の時間変化を決めることができれば，合体過程に関
する情報や $r$ プロセス元素合成の証拠がもたらされる．それゆえに，重力波
源の電磁波対応天体としてキロノバを観測することは，大変重要なのである．

### 5.1.6　高速放出物質に伴う電磁波シグナル

　キロノバ以外にも期待される電磁波シグナルが存在するので，それらにつ
いて簡単にまとめておこう．1.3 節で紹介したように，連星中性子星の合体後

に，継続時間が短いタイプ（2秒以内）の γ 線バースト（ショート γ 線バーストと呼ばれる）が発生しうる．事実，GW170817 に対応した電磁波追観測では，ショート γ 線バーストの発生を支持する多数の証拠が得られた．

これまでに観測されたショート γ 線バーストの放射光度，推定される放射の全エネルギー（$10^{49}$〜$10^{50}$ erg 程度），継続時間，光度曲線の激しい時間変動の様子から，その駆動源は，自転するブラックホールとその周りを取り囲むコンパクトな降着円盤だと推測されてきた．前項までに示してきたとおり，このような天体は確かに，連星中性子星の合体後に典型的に誕生する．問題は，この系がいかにして大量のエネルギーを，ショート γ 線バーストとして短時間に放射するかだが，これについては詳しくわかっていない．ただし，ショート γ 線バーストが莫大なエネルギーを放射していることから，理論的に挙げられる現実的な可能性は限られており，エネルギー供給機構は次の 2 つのいずれかだろう，と考えられている．

候補の 1 つ目は，ブラックホールの回転運動エネルギーを磁場を利用して引き抜き，エネルギー源として利用する機構である．自転するブラックホールに仮に大局的な磁場が貫かれていれば，磁場とプラズマの相互作用を通じて，ブラックホールから回転運動エネルギーが引き出せることが知られており（ブランフォード・ツナジェック (Blandford-Znajek) 機構と呼ばれる），この機構が想定されるのだ．引き出されたエネルギーは，磁気流体過程を通じて物質に引き渡されるが，その結果，光速度近くの速度まで物質が加速され（つまりジェットが生成され），合体時に放出された物質と相互作用しながら衝撃波を形成し，最終的に大量の γ 線が放射されるだろう，と推測される．連星中性子星の合体後に誕生するブラックホールの回転運動エネルギーは，その質量が太陽質量の 2.5 倍なら，典型的には $3 \times 10^{54}$ erg 程度である．したがって，このエネルギーの 0.001%〜0.01%ほどが利用されれば，ショート γ 線バーストの放射エネルギーを説明することができる．

もう 1 つの機構では，降着円盤から大量に放射されるニュートリノが，エネルギー源として想定される．式 (5.1) で記したように，高エネルギーニュートリノが大量に放射される環境下では，ニュートリノとその反ニュートリノ

が頻繁に対消滅を起こし，その結果，電子・陽電子が豊富に生成される．電子・陽電子対が高密度で存在する領域では，$e^- + e^+ \leftrightarrow \gamma + \gamma$ の反応により，電子・陽電子と光子が熱平衡状態になる．このような高温のプラズマはしばしば火の玉と呼ばれる．火の玉が密度の薄いブラックホールの自転軸近傍で発生すると，自転軸に沿って相対論的に膨張し，ジェットが発生すると考えられる．このジェットが周囲の物質を掃き集めながら衝撃波を形成し，そこから大量の $\gamma$ 線が放射され，$\gamma$ 線バーストとして観測される，とするのがこの機構である．

　しかしどちらのモデルであっても，数値相対論の計算中に再現してみせることは容易ではない．4.2.3 項で述べたように，低密度環境下において光速度に近い高速度で運動する物質の状態を，数値計算で正確に再現するのが容易ではないからである．連星中性子星の合体においてショート $\gamma$ 線バーストが本当に発生することを示すのは，数値相対論の究極の課題の 1 つである．

　$\gamma$ 線バースト以外にも，合体時に高速度で放出された物質に起因して，電磁波が放射されうる．5.1.3 項で触れたように，ダイナミカルに放出される物質は，平均で光速度の約 20% の速度をもち，さらにその一部は，光速度の 80% 以上の速度をもつ．星間空間に放出された物質はその後，自由膨張しながら希薄な星間物質を掃き集める．集められた物質の量が増えると，やがて衝撃波が生成される．するとその中で，荷電粒子がランダムな運動をすることにより磁場が増幅されるが，その磁場中を相対論的なエネルギーをもつ電子が運動することにより，シンクロトロン放射が起きると考えられる．これは，X 線から電波までの広い帯域で明るく輝くはずである．特に星間物質の密度が高い場合に光度が高くなる，と予想される．

　シンクロトロン放射は，$\gamma$ 線バーストそのものをはじめ，様々な現象にも付随する．特に，$\gamma$ 線バーストジェットの残骸が引き起こす放射が興味深い．このジェットは，当初，ブラックホールの自転軸に沿って，ダイナミカルな放出物質をかき分けるように進むと推測される．そして，やがて放出物質を突き抜けると観測可能な $\gamma$ 線放射を起こすと考えられる．その後ジェットは，星間空間中を横方向にも広がりながら伝搬するが，その際にこのジェットの残

骸とも呼ぶべき高速運動する物質が，星間物質との相互作用を通じて，やはり
シンクロトロン放射を起こす．この放射は γ 線バーストとは異なり，ジェッ
トの方向以外からでも観測されるが，1.3 節で述べたように，GW170817 で
は，このシンクロトロン放射によると見られる X 線，可視光線，および電波
が観測され，γ 線バースト発生の，間接的ながら，強力な証拠になった（図
1.6 参照）[4]．

　この小節を終えるにあたり，連星中性子星の合体後に形成される典型的な残
骸，および観測されうる電磁波信号を，模式図 5.11 にまとめた．観測されう
るのは，キロノバ，ショート γ 線バースト，γ 線バーストジェットの残骸に付
随して発生するシンクロトロン放射，合体時に放出される高速の物質が引き
起こすシンクロトロン放射である．キロノバと γ 線バーストの残骸によるシ
ンクロトロン放射については，GW170817 の発生後に観測され，その存在が
確認された．また γ 線バーストについては，多数の証拠が得られた．最後の 1

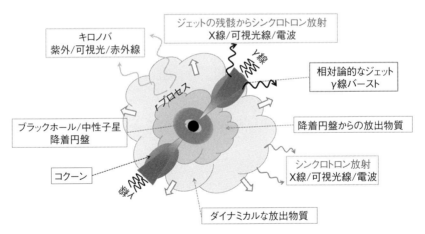

図 5.11　連星中性子星の合体後に形成される典型的な残骸，および観測可能な電磁波
に関する模式図．仏坂健太氏がもともと作成した図に筆者が加筆．

---

[4] GW170817 では，ブラックホールの自転軸方向から 20°〜30° 外れた方向から観測
が行われたため，γ 線バースト本体そのものは直接的には観測されなかったと考え
られている．

つは，GW170817 では今のところ観測されていない[5]．これは，GW170817
が発生した銀河では，星間物質の密度が低かったためだと考えられている．
しかし，今後，星間物質の密度が高いなど条件に恵まれた銀河で連星中性子
星の合体が起きれば，この放射も観測されるだろう．今後のイベントで確認
されることが期待される．

### 5.1.7　重力波

　まず図 5.12 に，典型的な重力波の波形の計算例を 2 つ示す．ともに合計質
量が $2.7 M_\odot$ の等質量の連星中性子星から放射される重力波の波形である．上
段は状態方程式の柔らかさが標準的と考えられる場合（表 5.3 の H の場合）
で，下段は状態方程式が極端に柔らかい場合（表 5.3 の B の場合）である．
どちらの図でも，重力波源が 100 Mpc の距離に存在することを仮定して，振
幅が示されている．両図ともに，$t_{ret} < 0$ の部分が連星の公転運動に付随し
て放射される重力波の波形（チャープ波形と呼ばれる）を，$t_{ret} = 0$ 付近が合
体時の波形を，$t_{ret} > 0$ の部分が合体後の波形を表している．

　図 5.12 の上段は，合体後に大質量中性子星が誕生し，その後しばらくの間
生き残る場合の重力波の波形例である．この例では，非軸対称形状をもつ長
寿命の大質量中性子星が誕生するので，合体後も大きな振幅をもった準周期
的な重力波が放射され続ける．一方，下段の例では，いったん大質量中性子星
が誕生するかに見えるが，合体後 2 ミリ秒ほどでブラックホールへと重力崩
壊する．そのため，上段の場合のような準周期的重力波が合体後放射されな
い．代わりに，ブラックホールの誕生直後に，ブラックホールの準固有振動
に付随した重力波が放射され，最終的に重力波の放射が止む．ブラックホー
ルの準固有振動は，ブラックホールの質量とスピン（自転角運動量）で決ま
る周波数と減衰時間をもつ（文献 [3] 参照）．したがって，これが観測されれ
ば誕生するブラックホールの情報が得られるのだが，今の場合，周波数は約

---

[5] 2021 年 3 月に，GW170817 の残骸から放射されたと思われる X 線の微弱な信号が
検出されたとの報告があった．これは，合体時に放出された高速物質が引き起こす
シンクロトロン放射を起源とする可能性があるが，今のところ確かな結論に至っ
ていない．

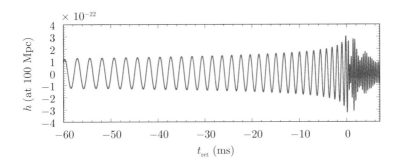

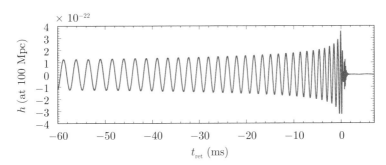

図 **5.12** 合計質量が $2.7M_\odot$ の等質量の中性子星同士が合体する場合に放射される重力波の数値相対論による計算例．$t_{\mathrm{ret}} < 0$ の部分が合体前に放射されるチャープ波形を，$t_{\mathrm{ret}} \approx 0$ 付近が合体時の波形を，$t_{\mathrm{ret}} > 0$ の部分が合体後の波形を表す．横軸はミリ秒を単位とした遅延時間を，縦軸は軌道面に垂直な方向から $100\,\mathrm{Mpc}$ の距離で観測した場合の重力波の振幅を表す．上段は状態方程式の硬さが標準的で（表 5.3 の H），大質量中性子星が誕生する場合．下段は状態方程式が極端に柔らかく（表 5.3 の B），ブラックホールが合体後短時間で誕生する場合．なお $100\,\mathrm{Mpc}$ とするのは，この程度の距離以内の近傍宇宙を考えれば，連星中性子星の合体が 1 年に数回は起きると推測されるからである．K. Kawaguchi et al.，Physical Review D **97**，044044 (2018) に掲載された数値データを使用．

$7\,\mathrm{kHz}$ と非常に高いので，重力波望遠鏡による観測は，少なくても近い将来は難しい．そこで以下では，大質量中性子星が誕生する場合にのみ注目する．

連星中性子星から放射される重力波において，観測的に特に注目すべきは，合体直前に放射される重力波，および，すでに触れた，合体後に大質量中性子星から放射される準周期的な重力波である．なぜなら，これらはともに中

**表 5.3**　5.1.7 項と 5.2.3 項で紹介した中性子星連星合体の数値計算で用いた状態方程
式モデル．$R_{1.20}$ と $R_{1.35}$ はそれぞれ，質量が $1.20M_\odot$ と $1.35M_\odot$ の球対称
の中性子星の半径を表し，$M_\mathrm{max}$ は球対称の中性子星の最大質量を表す．こ
れらの量の差が，重力波の波形の違いに反映される．

| EOS | $R_{1.20}$ (km) | $R_{1.35}$ (km) | $M_\mathrm{max} (M_\odot)$ |
|-----|-----|-----|-----|
| B | 10.98 | 10.96 | 2.002 |
| HB | 11.60 | 11.61 | 2.122 |
| H | 12.25 | 12.27 | 2.249 |
| 2H | 12.92 | 12.97 | 2.383 |
| 3H | 13.62 | 13.69 | 2.525 |

性子星の状態方程式の情報を直接的に含んでいるからである．つまり，重力
波観測によって状態方程式に対する情報がもたらされ，その結果，超高密度
下における強い相互作用の性質が探れる可能性が生まれる．そこで以下では，
状態方程式の情報が，どのように重力波に反映されるのかについて特に詳し
く説明する．

## (a)　合体直前の重力波と潮汐変形効果

合体直前に放射される重力波には，中性子星の潮汐変形の度合いを通じて，
状態方程式の情報が反映される．この機構についてまず説明する．

近接軌道にある連星中性子星の個々の中性子星は，伴星の潮汐力により潮
汐変形（主に4重極変形）を起こす．その結果，各中性子星がその外部に作
る重力場が変化する．簡単のため，ニュートン重力を仮定し，要点を説明し
よう（ただし，一般相対論でも定性的には同じ現象が起きる）．

連星の軌道半径が大きい場合には，各中性子星は，$\phi = -GM_a/r_a$（$a = 1$
または 2）の形の，各々の質量のみによって決まる重力ポテンシャル場を中
性子星外部に作る．しかし，近接軌道では，潮汐変形（4重極変形）によっ
て，次式の形に $\phi$ が変化する：

$$\phi = -\frac{GM_a}{r_a} - \frac{3GI_{ij}^a n_a^i n_a^j}{2r_a^3}. \tag{5.11}$$

ここで，$M_a$ と $I_{ij}^a$ が各中性子星の質量とトレースゼロの4重極モーメント
を，$r_a$ と $n_a^i$ が各中性子星の中心からの距離とその方向の単位ベクトルを表

す.$F_{ij}^a$ は伴星からの潮汐力により生じるので,その大きさは連星間距離を $r$ とすると,$r^{-3}$ に比例する.この4重極変形の影響で2つの中性子星間の引力は強まるが,個々の中性子星を質点とした場合の重力ポテンシャルが $r^{-1}$ に比例するのに対して,潮汐効果によるポテンシャルは $r^{-6}$ に比例する.つまり式 (5.11) の第2項目は,近接軌道になってから急速に重要になる.

$F_{ij}^a$ は伴星の作る潮汐場 $\mathcal{E}_{ij}^b$ $(a \neq b)$ によって励起されるが,この2つには近似的に $(1/r$ の最低次のオーダーで) 次式で表される比例関係がある:

$$F_{ij}^a = -\lambda_a G^{-1} \mathcal{E}_{ij}^b. \tag{5.12}$$

したがって,潮汐変形率と呼ばれる比例係数,$\lambda_a$,が,潮汐効果による2体間力の変化の度合いを決める.$\lambda_a$ は,長さの5乗の次元をもつ,個々の中性子星に固有の定数である.質量は同じだが状態方程式が異なる中性子星モデルを比べると,$\lambda_a$ は中性子星の半径の約6乗(5乗ではない)に比例することが知られている.つまり,半径が大きい中性子星からなる連星ほど,潮汐変形の影響をより大きく受ける.

潮汐効果によって引力が増すと,円軌道を保つためには遠心力を増やす必要がある.つまり軌道速度を上げなくてはならない.軌道速度が上がれば,重力波の光度が増す.すると,連星は重力波放射反作用の結果,よりすばやく軌道半径を縮め,合体時刻が早まる.潮汐変形の度合いは中性子星の潮汐変形率が大きいほど大きいので,潮汐変形率の大きい中性子星からなる連星のほうがよりすばやく合体する.この結果が,重力波の波形に反映される.

図 5.13 に,異なる4つの状態方程式を用いて得られた等質量の中性子星同士の合体による重力波の波形例を重ねて示した(状態方程式については,表 5.3 参照).この例では連星の合計質量はすべて $2.7 M_\odot$ である.上で述べたように,中性子星の半径が大きいと潮汐変形率が大きいため,連星はよりすばやく合体に向かう.その結果,重力波の位相もよりすばやく進む.このことが図 5.13 には,はっきりと示されている.

図 5.13 において,特に注目すべき点は,中性子星の半径が 1 km 異なれば,合体時刻に2ミリ秒程度の差が出ることである.重力波のサイクル数に直す

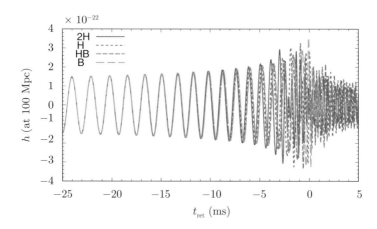

図 **5.13**　質量が $1.35M_\odot$ の中性子星同士が合体するときに放射される重力波の数値
相対論による計算例．重力波源までの距離を $100\,\mathrm{Mpc}$ とし，また軌道面に対
して垂直方向から観測されたことを仮定している．各曲線に対し採用された
状態方程式（表 5.3 参照）が異なるため，その違いが重力波の波形の違いに
反映される．この例では，2H, H, HB, B の順に中性子星の潮汐変形率が小
さくなる．波形のデータは，K. Kawaguchi et al., Physical Review D **97**,
044044 (2018) から採用（口絵 6 参照）.

と，2〜3 サイクルほどの違いになる．この差は観測的に判別可能である．つ
まり，合体直前の重力波が十分な感度で観測されれば，中性子星の潮汐変形率
を推定することにより，状態方程式に制限を与えることができる．GW170817
の観測では，ここで述べた方法によって潮汐変形率に対する制限が与えられ，
典型的な質量 ($1.4M_\odot$) の中性子星の半径は，約 $13.5\,\mathrm{km}$ 以下であることが示
唆された．近い将来，この方法によって，中性子星の半径に対する制限がよ
り強まることが期待されている．

**(b)　大質量中性子星からの重力波**

　図 5.13 はまた，合体後に誕生する大質量中性子星から放射される準周期的
な重力波の波形が，状態方程式ごとに異なることを示唆している．定量的に
はこの準周期的振動の周波数が，状態方程式に強く依存する（図 5.14 とそれ
に付随する議論も参照）．この周波数は，大質量中性子星の特徴的な半径を $R$

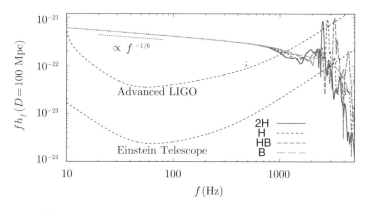

図 **5.14**　質量が $1.35 M_\odot$ の中性子星同士が合体するときに放射される重力波のフーリ
エスペクトルの振幅成分（実効振幅）．重力波のフーリエ変換 $\hat{h}(f)$ に対し，
無次元量である $|f\hat{h}(f)|$ を 4 つの状態方程式 (2H, H, HB, B) に対して表示．
十分に周波数が低い場合には，普遍的に $|f\hat{h}(f)| \propto f^{-1/6}$ と振る舞うが，そ
の後は，スペクトルの形が状態方程式に依存する（詳しくは本文参照）．重
力波源までの距離を $100\,\mathrm{Mpc}$ とし，連星の軌道面に垂直方向から観測する
ことを仮定．Advanced LIGO の設計感度目標と Einstein Telescope の暫定
的設計目標感度も表示．$\hat{h}(f)$ のデータは，K. Kawaguchi et al., Physical
Review D **97**, 044044 (2018) より取得．

とすれば，近似的には $R^{-3/2}$ に比例する．$R$ は状態方程式に強く依存するの
で，それが大質量中性子星から放射される重力波の波形に反映される．

　例えば，合計質量が $2.7 M_\odot$ の連星中性子星が合体して誕生した大質量中性
子星に対しては，準周期的重力波の周波数は近似的に，

$$f \approx 4.0\,\mathrm{kHz} \left( \frac{R_{1.8} - 2\,\mathrm{km}}{8\,\mathrm{km}} \right)^{-3/2} \tag{5.13}$$

と書かれる．ここで $R_{1.8}$ は，$1.8 M_\odot$ の球対称中性子星に対する半径を表し，
各状態方程式で異なる．$1.8 M_\odot$ の場合をあえて選ぶ理由は，大質量中性子星
の平均密度が高く，質量の大きい球対称中性子星にその性質が似ているからで
ある．なお，大質量中性子星の質量が小さくなると，周波数は式 (5.13) で与
えられるものよりも低くなる（近似的には質量の 1/2 乗に比例して下がる）．

**(c)  重力波のスペクトル**

　重力波波形の特徴は，そのフーリエ変換，$\hat{h}(f)$，を解析することで定量的により明確になる．図 5.14 に，重力波の実効振幅，$|f\hat{h}(f)|$，を示した．ここで実効振幅とは，各周波数における重力波の振幅を示す無次元量である．図5.14 でも，図 5.13 と同様，連星中性子星の個々の質量はすべて同じで $1.35M_\odot$ だが，状態方程式が異なる 4 つのモデルに対する結果が示されている．

　軌道半径が大きく，重力波の周波数が十分に低い場合には，実効振幅は普遍的に $f^{-1/6}$ に比例することが知られており（例えば文献 [3] 参照），低周波数領域では状態方程式依存性は見られない．しかし，近接軌道になり潮汐効果が効き始めると，実効振幅は状態方程式に強く依存する．すでに述べたように，半径の大きな中性子星同士のほうが潮汐効果をより強く受け，よりすばやく合体するため，より低い周波数から $f^{-1/6}$ 法則からのずれ（実効振幅の低減）が現れる．なお，ここで示したのはフーリエ変換の振幅成分だけだが，その位相も状態方程式に依存する．具体的には，半径が大きい中性子星に対しては，重力波の周波数とともにその位相がよりすばやく変化する．重力波のデータ解析では主にこの位相変化が解析され，潮汐変形率が測られる．

　図 5.14 から明らかなように，重力波スペクトルの状態方程式依存性は，重力波の周波数が 500 Hz 以上の高周波数帯域でのみ顕著に現れる．したがって，この周波数帯域の重力波が十分な感度で観測されれば，中性子星の状態方程式に強い制限を課すことが可能になる．図 5.14 には，Advanced LIGOと Einstein Telescope の設計目標感度を示したが，それらとの比較からわかるように，Advanced LIGO を用いた場合には，重力波源までの距離が 100 Mpcよりも十分に小さい場合に限り，状態方程式に対して制限を課すことが可能になる．一方，Einstein Telescope が実現されれば，状態方程式に対して強い制限を課すチャンスがたびたび訪れるだろう．

　次に，図 5.14 の高周波数側 (2～3.5 kHz) に目を移そう．この周波数帯のスペクトルには特徴的な周波数をもつピークが現れる．この成分は，合体後誕生する大質量中性子星からの準周期的重力波に起因する（ただし状態方程

式Bの場合には，大質量中性子星の寿命が短いため顕著なピークが見られない）．周波数をほとんど変化させない重力波が作り出す成分なので，鋭いピークをもつスペクトルになる．このピークの周波数は中性子星の状態方程式を反映しているので，この周波数を決定できれば，中性子星の状態方程式を決めるヒントが得られる．ただし，重力波望遠鏡の感度がさほど高くない周波数帯域にピークをもつため，検出はそれほど容易ではない．図5.14に示されたデータを解析すると，設計目標感度をもつ将来のAdvanced LIGOをもってしても，検出可能なのは，連星までの距離が20～30 Mpc以内の場合だけだとわかる（より高周波数側にピークがあると，検出がより難しい）．当面は，極めて運良く近傍で合体が観測された場合にのみ，この高周波数重力波が観測されるだろう．ただし，Einstein Telescopeのような高感度の望遠鏡が将来登場すれば，大質量中性子星からの重力波は観測可能になると予想される．

なお，図5.12～5.14に紹介された大質量中性子星からの重力波についての知見には，将来修正が加わるかもしれない．なぜならば，これらは磁気流体効果が考慮されずに導出された結果だからである．5.1.2項で述べたように，大質量中性子星の進化過程は，磁気流体効果に大きく影響されるかもしれない．具体的には，磁気乱流が発達すると実効的な粘性が生じ，効率的な角運動量輸送が起きるので，大質量中性子星の非軸対称構造が速やかに失われ，その結果，図5.12や5.13に見られる準周期的振動が，それほど大きな振幅をもたない可能性がある．これまでのところ，物理的な効果を十分に取り入れた数値相対論の計算例が存在しないため，この点については不確定性が大きいのだ．高周波数成分の重力波が将来観測されれば，大質量中性子星が合体直後からどのような進化過程を辿ったのか，また磁気流体効果はどれほど重要なのか，についての知見が得られるものと期待される．

## 5.2　ブラックホールと中性子星の合体

ブラックホール・中性子星連星と確実に言える天体の観測は，2021年4月

の段階で報告されていない[6]. しかし近い将来, 重力波望遠鏡で続々と観測
されるものと予想される. この節では, その合体過程と放射される重力波の
波形の特徴について説明するとともに, 近い将来合体過程が観測されたとき
に, どのような知見が得られうるのかについて述べる.

### 5.2.1　合体過程と合体後の運命

　ブラックホール・中性子星連星も, 連星中性子星の場合と同様, 重力波放
射により次第に軌道半径を縮め最終的に合体に至るが, 連星中性子星と比較
すると, その合体過程は多様性に乏しい. 以下では, 中性子星の半径が10〜
15 km程度, と極端には大きくないことを想定し, 合体過程を説明しよう.

　まず, ブラックホールの質量が中性子星に比べて十分に大きい, あるいは
ブラックホールのスピン (自転角運動量) が小さい場合には, 中性子星がブ
ラックホールに飲み込まれて合体が終わる (図5.15参照). この場合, 最終的
に, 定常軸対称のカーブラックホールだけが残される. この合体過程は, 連
星ブラックホールの場合と大差ない.

　一方, ブラックホールの質量が小さいか, あるいはブラックホールのスピ
ンが大きく, かつその向きが軌道運動の回転軸と揃っている場合には, 中性
子星はブラックホールに飲み込まれる前に潮汐破壊されうる (図5.16参照).
ブラックホールのスピンが大きいと, ブラックホールのより近傍まで安定な公
転軌道が存在するため, 中性子星がブラックホールに落下する前に潮汐破壊さ
れやすくなるからである (最も内側の公転軌道はしばしば ISCO (Innermost
stable circular orbit) と呼ばれる). なお, ブラックホールのスピンに関して
は, 大きさだけでなく, その向きも重要な要素である. 潮汐破壊を考える際
には, 特に, 軌道角運動量と平行な成分が最も重要である. 軌道角運動量と
平行な成分が小さい場合には, 仮にスピンの絶対値が大きくても, ISCO の
位置はスピンがない場合と大差ないからである.

---

[6] 本書の最終校正が済んだ後の2021年6月29日に, Advanced LIGO と Advanced
　Virgo により2020年1月に観測された GW200105 と GW200115 と呼ばれる重力
　波源が, ブラックホール・中性子星連星として発表された.

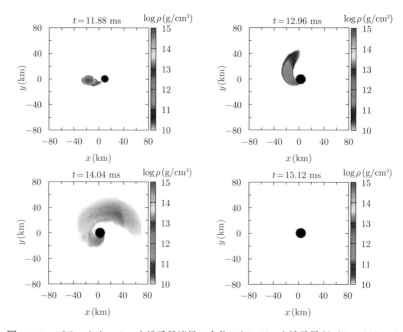

**図 5.15** ブラックホール・中性子星連星の合体において，中性子星がブラックホールに飲み込まれる場合．軌道面の密度とブラックホール（黒丸）を表示．この例では，ブラックホールの質量が $M_{\mathrm{BH}} = 4.05 M_\odot$，スピンはゼロで，中性子星の質量が $M_{\mathrm{NS}} = 1.35 M_\odot$，半径が $R_{\mathrm{NS}} = 11.1\,\mathrm{km}$．右上のパネルの段階で，中性子星のほとんどがすでに飲み込まれている．K. Kyutoku et al., Physical Review D **92**, 044028 (2015) のデータを使用．図は久徳浩太郎氏が作成（口絵 7 参照）．

　図 5.16 から明らかなように，中性子星が潮汐破壊されると，物質がダイナミカルに飛び散ると同時にブラックホール周りに降着円盤が形成される．降着円盤の質量は，ブラックホールと中性子星の質量比，ブラックホールのスピン，中性子星の半径に依存するが，ブラックホールの ISCO よりも十分に離れた位置で中性子星が潮汐破壊されれば，$0.1 M_\odot$ 以上の中性子星物質が，降着円盤を形成させる（一方，その他多くの物質はブラックホールに飲み込まれる）．大質量の降着円盤が誕生すれば，5.1.6 項で触れたように，ショート $\gamma$ 線バーストが起きるかもしれない．また，その後の物質放出の結果，キロノバとしても明るく輝くだろう．物質放出については次項で改めて述べる．

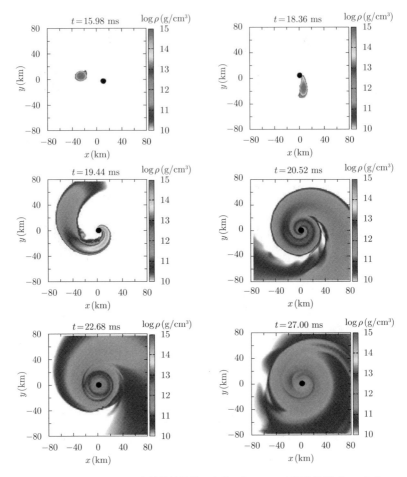

図 **5.16**　ブラックホール・中性子星連星の合体において，中性子星がブラックホール
に潮汐破壊され，ブラックホールの周りに降着円板が誕生する様子．軌道面
の密度とブラックホール（黒丸）を表示．この例では，ブラックホールの質
量が $M_{\mathrm{BH}} = 4.05 M_{\odot}$，スピンパラメータが $\chi = 0.75$ で，中性子星の質量
が $M_{\mathrm{NS}} = 1.35 M_{\odot}$，半径が $R_{\mathrm{NS}} = 11.1$ km. K. Kyutoku et al., Physical
Review D **92**, 044028 (2015) のデータを使用．図は久徳浩太郎氏が作成（口
絵 8 参照）.

上で述べたように，中性子星が潮汐破壊されるのは ISCO に達する前でなければならない．以下では，中性子星の半径を $R$，質量を $M_{NS}$，ブラックホールの質量を $M_{BH}$，軌道半径を $r$ とし，簡単のためニュートン重力を仮定して，潮汐破壊が起きる条件（必要条件）を近似的に導出しよう．

まず，ブラックホールによる単位質量あたりの潮汐力の大きさを，$a_{tidal}$ とおく．力はベクトルなので3成分存在するが，この解析で重要なのはブラックホール方向に働く力だけなので，1成分のみを考える．$a_{tidal}$ は，ブラックホールに相対する側の中性子星表面で近似的に $2GM_{BH}(c_t R)/r^3$ と書ける．ここで $c_t$ は，潮汐効果によってブラックホール方向に中性子星が膨らむ効果を表しており，$c_t > 1$ である．この係数は，潮汐破壊開始時には $c_t \sim 1.6$ 程度になる．次に，ISCO の軌道半径 $r_{ISCO}$ を無次元量 $\alpha_{isco}$ を用いて，$\alpha_{isco} GM_{BH}/c^2$ と表す．$\alpha_{isco}$ は，軌道角運動量方向のブラックホールのスピン成分 $\chi$ に依存し，1以上9以下の値を取る（スピンがゼロなら6になる：文献 [3,5] 参照）．これを用いると，ISCO では，$a_{tidal} = 2c_t Rc^6 (GM_{BH})^{-2} \alpha_{isco}^{-3}$ と書ける．$a_{tidal}$ は軌道半径が小さくなるとともに大きくなるので，ISCO での値が中性子星の自己重力を上回るならば，$r \geq r_{ISCO}$ のどこかで潮汐破壊が始まることになる．

ブラックホールに相対する側の中性子星表面で働く単位質量あたりの自己重力は，近似的に $GM_{NS}/(c_t R)^2$ なので，潮汐破壊の必要条件は，

$$2c_t Rc^6 (GM_{BH})^{-2} \alpha_{isco}^{-3} > GM_{NS}/(c_t R)^2 \tag{5.14}$$

である．この条件を書き直すと，次式に帰着する：

$$M_{BH} < 3.9 M_\odot \left(\frac{c_t}{1.6}\right)^{3/2} \left(\frac{\alpha_{isco}}{6}\right)^{-3/2} \left(\frac{R}{12\,\text{km}}\right)^{3/2} \left(\frac{M_{NS}}{1.35 M_\odot}\right)^{-1/2}. \tag{5.15}$$

以下では，$R = 12\,\text{km}$，$M_{NS} = 1.35 M_\odot$ の中性子星を想定しよう．すると $\chi = 0$ の場合（$\alpha_{isco} = 6$ の場合）には，$M_{BH} \lesssim 4 M_\odot$ を満たす軽いブラックホールに対してしか，潮汐破壊は起きないことが，式 (5.15) から示唆される．一方，$\chi$ が大きい場合には，$\alpha_{isco}$ が小さくなるため，ブラックホールの質量が

より大きくても潮汐破壊が起きうる，と推測される．例えば，$M_{\mathrm{BH}} = 10M_\odot$ の場合，$\chi = 0$ であれば，中性子星は潮汐破壊されることなくブラックホールに飲み込まれるが，$\chi = 0.9$ ならば，$\alpha_{\mathrm{isco}} \approx 2.3$ になるので（文献 [3, 5] 参照），中性子星はブラックホールに飲み込まれる前に潮汐破壊されうる．

　なお，式 (5.15) で示された条件は，中性子星が ISCO に達する前に潮汐破壊が始まる条件であって，潮汐破壊が起きる必要十分条件ではない．連星の軌道半径は重力波放射によって縮まり続けるので，実際に潮汐破壊が本格的に起きるのは，潮汐破壊開始後より内側の軌道半径に至ってからである．例えば，ISCO 近傍で潮汐破壊が始まる場合には，潮汐破壊が本格的に進む前に中性子星を構成する物質の多くがブラックホールに落ち込んでしまうので，潮汐破壊が微弱にしか起きない．したがって，潮汐破壊現象の詳細を知るには，連星のダイナミクスが考慮された数値計算が不可欠である．ブラックホール・中性子星連星の合体を数値相対論によって調べる主目的の 1 つは，潮汐破壊が起きるための定量的な条件や破壊過程の様相を明らかにすることであった．この目的のため，2006 年以来多くの数値計算がなされてきた．その結果，式 (5.15) は，定量的には若干の修正が必要なものの，おおむね正しいことが確認されている．

　この節を閉じるにあたって，ブラックホール・中性子星連星の合体後の進

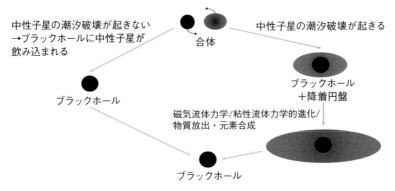

図 **5.17**　ブラックホール・中性子星連星合体後の進化過程についてのまとめ．詳細については本文を参照のこと．

化過程を図5.17にまとめた．合体後の運命は，(i) 中性子星がブラックホールに飲み込まれて孤立したブラックホールが誕生する，あるいは (ii) 中性子星がブラックホールに潮汐破壊されてブラックホールと降着円盤からなる系が誕生する，のどちらかである．すでに述べたように，後者が起きるには，ブラックホールの質量が小さいか，そのスピンが大きいか，いずれかの条件が必要である．なお，ブラックホール周りの降着円盤のその後の進化は，5.1.2項で述べたのと同様に，磁気流体・粘性流体過程で決まると考えられる．

### 5.2.2　物質の放出

中性子星がブラックホールに潮汐破壊されると，一部の物質が系から飛び散る．これは以下で述べる機構によって起きる．

中性子星の潮汐破壊は，ブラックホールの潮汐効果で引き起こされるが，潮汐破壊が進む間は，中性子星がブラックホールの方向に引き伸ばされ続ける．引き伸ばされた中性子星の内縁はブラックホールに向かって落下するが（図5.16の2番目のパネル参照），落下中にコリオリ力が働くので，ブラックホールに真っ直ぐに落ちず，少しだけ公転方向に進む．一方，ブラックホールと反対側に引き伸ばされる中性子星物質は，やや遅れ気味に公転運動をする．すると，より大きな角速度で公転運動するブラックホール側の物質からの重力的トルクにより角運動量を受け取る．このように，潮汐破壊中に，中性子星のブラックホール側からその反対側へと角運動量輸送が起きる．その結果，外縁に存在する物質は系からより外側へと流れる（図5.16の3番目のパネル参照）．他にも，中性子星物質の多くがブラックホールに落下する瞬間に系が保持する4重極モーメントが急激に減少することで，時空構造が変化する効果が重要である．ブラックホール近傍の4重極モーメントが減少すると，ブラックホール周りを運動する物質に働く引力が弱まる（5.1.7項参照）．すると，ブラックホール周りに存在する物質は，相対的に外側に向かって力を受ける．その結果，外縁部に存在する物質は，ますます外側へと広がる．これらの効果により，一部の物質は十分な角運動量やエネルギーを受け取り，運動エネルギーが増す結果，系から逃げ出し，ダイナミカルな放出物質になる．

　潮汐破壊に伴い放出される物質の質量は，ブラックホールや中性子星のパラメータに強く依存する．中性子星の半径が大きかったり，ブラックホールの質量が小さかったり，ブラックホールのスピンが大きかったりすると，太陽質量の 10%程度の物質が放出される場合もある．他方，潮汐破壊が起きなければ，当然，物質放出も起きない．

　連星中性子星の合体とは異なり，ブラックホール・中性子星連星の合体におけるダイナミカルな物質放出過程では，衝撃波加熱が重要な役割を担わない．そのため，$10^{11}$ K を大きく超えるような高温の環境は実現しない．よって，電子・陽電子対生成も活発に起きず，また降着円盤から放射されるニュートリノによる照射効果も，それほど重要にはならない．その結果，放出される物質は高い中性子過剰度を保ったまま（電子濃度 $Y_e$ が 0.1 以下のまま）系から逃げ出す．このように $Y_e$ が非常に低い物質からは，質量数の大きい r プロセス重元素が豊富に合成される．一方，質量数が 130 以下の元素の合成量は少ない（5.1.4 項参照）．

　潮汐破壊の結果，ブラックホール周りに降着円盤が誕生する．すると，連星中性子星の場合（5.1.3 項参照）と同様に，降着円盤からの物質放出が起きると推測される．この物質放出は，主に，降着円盤内での磁気流体過程および実効的な粘性過程を経て進むと考えられるので，ダイナミカルな放出物質に比べると，中性子過剰度が低くなり（$Y_e$ が大きくなり），原子番号の小さな r プロセス元素も大量に合成されるはずである（5.1.4 項参照）．したがって，ブラックホール・中性子星連星の合体も，幅広い質量数の元素を合成しうる現象と考えられる．

　数値相対論を用いた計算によると，ダイナミカルに放出される物質の質量は，典型的には降着円盤の質量の 10%から 30%ほどである．他方，降着円盤から粘性過程を得て放出される物質の量は，降着円盤の質量の 10%から 20%ほどである．したがって，2 つの放出物質成分の質量は大雑把には同程度だと推測される．ゆえに，ブラックホール・中性子星連星の合体における r プロセス元素合成では，連星中性子星の場合に比べ，質量数の大きい元素が相対的により多く合成されることが予想される．このような場合には，放出物質

中にランタノイドがより多く含まれると考えられる.

5.1.5 項で述べたように,放出される物質の量が多い場合には,高い光度を
もつキロノバの発生が期待される.特徴的なのは,ブラックホール・中性子
星連星からダイナミカルに放出される物質が,大きな非等方性をもつ点であ
る.とりわけ,軌道面と垂直方向に幾何学に薄い(その結果光学的にも薄い)
構造をもつのが特徴である.そのため,球対称の場合に比べて,放出物質から
よりすばやく光子が逃げ出すことができ,その結果早期に光度が高く,より
青く光るなどの特徴を示すと推察される.また,上で述べたように,ブラッ
クホール・中性子星連星の合体に伴う放出物質中には,ランタノイドが豊富
に含まれると考えられる.したがって,この場合のキロノバは,後期に赤外
線で明るく輝くのも特徴になると予想される.今後の観測が待たれる.

### 5.2.3 重力波

5.2.1 項で述べたとおり,ブラックホール・中性子星連星の運命は,中性子
星が潮汐破壊されるか,されないかのいずれかである.潮汐破壊が起きなけ
れば,中性子星がブラックホールに飲み込まれ,ブラックホールの準固有振
動に付随した重力波が放射され,最終的に放射が止む(図 5.18 上段参照).
この場合,重力波の波形は,連星ブラックホールの合体の場合とほぼ同じに
なる.

他方,中性子星の潮汐破壊が起きると,異なるタイプの重力波の波形になる.
この場合,潮汐破壊直前までは連星の公転運動による特徴的な重力波(チャー
プ重力波)が放射されるが,中性子星が潮汐破壊されると,物質が急速にブ
ラックホール周りに広がり,連星としての性質が失われるため,急激に重力
波の振幅が小さくなる(図 5.18 下段参照).

この特徴は,重力波のフーリエ変換,$\hat{h}(f)$,を解析するとより明確になる.
実効振幅 $h_{\mathrm{eff}} = |f\hat{h}(f)|$ は,潮汐破壊の起きる重力波周波数 $f_{\mathrm{cut}}$ までは,近似
的に $f^{-1/6}$ に比例して変化するが,$f_{\mathrm{cut}}$ を超えると急速にゼロに近づくから
である.図 5.19 にその例を示した.この図で採用されたモデルでは,いずれ
の場合も,ブラックホールと中性子星の質量がそれぞれ $6.75M_{\odot}$ と $1.35M_{\odot}$

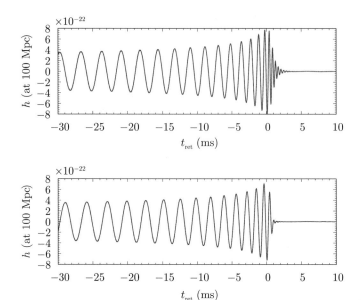

図 **5.18**  上段: 最終的に中性子星がブラックホールに飲み込まれる場合に放射される
重力波. $t_{\rm ret} \approx 0$ 付近で, 中性子星がブラックホールに飲み込まれ, その後,
ブラックホールの準固有振動に付随した減衰振動が励起される. 下段: 中性
子星がブラックホールに潮汐破壊される場合に放射される重力波. $t_{\rm ret} \approx 0$
で潮汐破壊が起きている. 2 例ともに, 中性子星とブラックホールの質量
がそれぞれ, $1.35M_\odot$, $6.75M_\odot$ で, ブラックホールのスピンパラメータが
$\chi = 0.75$, 状態方程式が表 5.3 の B (上段) と 3H (下段) である. 両パネ
ルともに, 重力波源までの距離が $100\,{\rm Mpc}$ で, 軌道面に対して垂直方向か
ら重力波を観測したと仮定して作成. データは川口恭平氏が提供.

で, ブラックホールのスピンパラメータが $\chi = 0.75$ だが, 状態方程式だけ
は曲線ごとに異なる. そのため, 潮汐効果が重要にならない低周波数側では,
モデル間でスペクトルに大きな違いは見られないが, 高周波数側では差が生
じる. この例では, 状態方程式が B の場合には, 潮汐破壊が微弱にしか起き
ない (その結果スペクトルの形が連星ブラックホールの合体の場合に類似す
る) が, その他の状態方程式 (H, 3H) では, 潮汐破壊が起きており, 中性子
星の半径が大きいほど, それはより大きな軌道半径, つまりより低い重力波
周波数で起き, そのため $f_{\rm cut}$ が低くなる. この結果が, スペクトルに明確に

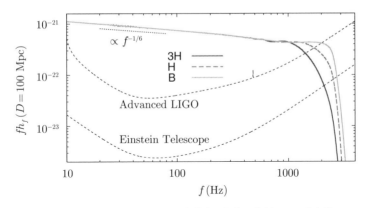

図 **5.19** ブラックホール・中性子星連星が合体するときに放射される重力波のスペクトル（実効振幅）$|f\hat{h}(f)|$ を，Advanced LIGO の設計目標感度および Einstein Telescope の暫定設計目標感度とともに表示．この例では，すべてのモデルで，中性子星とブラックホールの質量がそれぞれ $1.35M_\odot$，$6.75M_\odot$，ブラックホールのスピンパラメータが $\chi = 0.75$ だが，中性子星の状態方程式は，3H, H, B と異なる（表 5.3 参照）．この図でも，図 5.18 と同様に重力波源までの距離を 100 Mpc として，軌道面に対して垂直方向から重力波を観測していると仮定．データは川口恭平氏が提供．

反映されている．

　5.2.1 項で説明したように，潮汐破壊は，近似的に言えば，ブラックホールによる潮汐力と中性子星の自己重力が，ブラックホールに相対する側の中性子星表面で等しくなったときに始まる．つまり，潮汐破壊が起きるときの軌道半径は，近似的に，

$$r = c_t R \left( \frac{2M_{\mathrm{BH}}}{M_{\mathrm{NS}}} \right)^{1/3} \tag{5.16}$$

と書かれる．軌道角速度は，近似的には，$\sqrt{G(M_{\mathrm{BH}} + M_{\mathrm{NS}})/r^3}$ なので，潮汐破壊開始時に放射される重力波の周波数は，近似的に，次式で表される：

$$
\begin{aligned}
f_{\mathrm{tid}} &= \frac{1}{\pi} \left( \frac{GM_{\mathrm{NS}}}{2c_t^3 R^3} \right)^{1/2} \left( \frac{M_{\mathrm{BH}} + M_{\mathrm{NS}}}{M_{\mathrm{BH}}} \right)^{1/2} \\
&= 1.1\,\mathrm{kHz} \left( \frac{c_t}{1.6} \right)^{-3/2} \left( \frac{M_{\mathrm{NS}}}{1.35M_\odot} \right)^{1/2} \left( \frac{R}{12\,\mathrm{km}} \right)^{-3/2} \left( 1 + \frac{M_{\mathrm{NS}}}{M_{\mathrm{BH}}} \right)^{1/2}.
\end{aligned}
\tag{5.17}
$$

$c_t$ も $(M_{\mathrm{BH}} + M_{\mathrm{NS}})/M_{\mathrm{BH}}$ も，1 より少々大きい量にすぎないので，$f_{\mathrm{tid}}$ は本

質的には，中性子星のダイナミカル・タイムスケール，$(G\bar{\rho})^{-1/2}$，で決まることがわかる（$\bar{\rho}$ は，中性子星の平均密度 $3M_{\mathrm{NS}}/(4\pi R^3)$ を表す）．したがって，潮汐破壊時に放射される重力波の周波数は，ブラックホールのパラメータに強く依存せず，中性子星固有の性質で決まる．

$f_{\mathrm{cut}}$ は近似的には $f_{\mathrm{tid}}$ と等しいので，$f_{\mathrm{cut}}$ も同様の性質をもつはずである．事実，数値相対論の結果を見ると，ブラックホールのパラメータによらず，$f_{\mathrm{cut}}$ はおよそ 1〜2 kHz になる．それゆえ，潮汐破壊時の重力波の周波数が測定されれば，$\bar{\rho}$ を通して中性子星の状態方程式に関する情報が得られる．

図 5.19 が示すように，特に，中性子星の半径が大きい場合には，潮汐破壊時の重力波の周波数 $f_{\mathrm{cut}}$ は，重力波望遠鏡の感度が比較的高い 1 kHz 以下になる．この場合，ブラックホール・中性子星連星の合体が我々から 100 Mpc 以内の距離で起きれば，Advanced LIGO による観測によって $f_{\mathrm{cut}}$ が決定される可能性がある．将来，Einstein Telescope のような巨大望遠鏡が登場すれば，数百 Mpc の距離で起きるブラックホール・中性子星連星の合体であっても，$f_{\mathrm{cut}}$ が観測的に決定されると期待してよい．$f_{\mathrm{cut}}$ が得られれば，中性子星の状態方程式に対してヒントが得られることになる．

　過去 20 年間で，数値相対論研究は飛躍的に発展を遂げた．また，重力波観測が可能になったおかげで，数値相対論の重要性が飛躍的に高まった．筆者が大学院生であった 1990 年代前半当時，我々にとってはありがたい，このような時代が来ることは全く予想できなかった．この例が示すように，学問の長期的な展開を予想するのは大変難しいのだが，少なくとも今後 20 年くらいは，数値相対論の重要性は高いままだろうと推測される．具体的には，観測された重力波源に関する理解，期待される新たな重力波源からの重力波の波形の予想，$\gamma$ 線バーストや高エネルギー超新星爆発などの高エネルギー天体現象の理解，様々な質量のブラックホールの形成過程の解明，など多様な分野で，数値相対論が重要な役割を果たすことは間違いない．特に，目新しい重力波観測の結果が報告されるたびに，その結果を解釈するために，数値相対論による新たな計算が必要とされるだろう．そのためにも今後は，数値相対論研究の質を一層向上させなくてはならない．特に，いくつかの課題を解決する必要がある．

　課題の筆頭に挙げられるのが，輻射輸送計算を正確に行うための数値計算コードの開発，および十分に高精度の磁気流体計算を実行することである．第 5 章で紹介したように，中性子星連星の合体はマルチメッセンジャー天文学の観測対象として，大変興味深い．また単に観測対象というだけにはとどまらない重要性を秘めている．なぜならば，この現象を観測することによって，中性子星の状態方程式に関する情報が得られ，その結果これまでに十分に理解が及ばなかった高密度の核物質に関する理解が進むことは間違いないし，また半世紀以上にわたって未解明である重元素の起源天体に関するヒン

トが得られると期待できるからである．したがって，天文学，宇宙物理学の
範囲にとどまらない重要性がある．ここで，観測的に得られる情報を正しく
解釈し，新しい知見に結びつけるには，正確な理論計算が必要である．例え
ば，中性子星連星の合体に伴う元素合成の情報は電磁波観測から得られるが，
観測結果を解析する際に必要なのが，放出物質に関する正確な物理的情報と
放射特性に対する正確な理論モデルである．第 5 章で述べたように，放出物
質の物理的性質は，ニュートリノ照射の影響を大きく受ける．したがって，
ニュートリノ輻射輸送計算をできるだけ正確に行うことが求められる．また
物質が合体後どのように放出されるのか，正しく理解するには精度の高い磁
気流体シミュレーションが必須である．現状では計算機資源の限界もあり，
必要とされる精度のシミュレーションを行えないが，将来，電磁波観測の結
果をより正確に解釈するためには，これが必要不可欠である．なお中性子星
連星の合体以外にも，重力崩壊型超新星爆発や γ 線バーストの発生を数値相
対論を用いて直接再現すること，質量が大きく異なるブラックホール同士の
合体を調べること，などもこの分野の大きな目標である．

　しかし，理論計算が多少不完全でも，重力波天文学や高エネルギー宇宙物
理学は今後ますます発展し，新たな知見がどんどん得られることだろう．特
に，連星ブラックホールと連星中性子星の合体については，今後，重力波観
測とその電磁波対応天体観測の規模がさらに拡大し，観測例が増え続けるの
は間違いない．観測結果が多数蓄積されれば，それらの情報を組み合わせる
ことにより，理論の不定性を補えるようになるだろう．事実，現状の理論計
算だけからでは理解しきれない疑問点を，GW170817 の観測結果から推測で
きたりもしている．物理学というのは，実験結果や観測結果があり，そして
強力な理論研究の道具（今の場合は数値相対論）が存在してこそ進展するも
のだが，中性子星連星の合体など重力波源に関しては，これらの条件がさら
に充実していくことは間違いない．今後 10 年，20 年，この分野がどのよう
に発展していくのか楽しみである．

# 参考図書

[1] M. Shibata, "*Numerical Relativity*" (World Scientific, 2016).

[2] 重力波天文学全般に関して学びたい読者には，J. D. E. Creighton and W. Anderson, "*Gravitational-Wave Physics and Astronomy: An Introduction to Theory, Experiment and Data Analysis*" (Wiley, 2011) を薦める．また本シリーズの川村静児「重力波物理の最前線」（物理学最前線 17 巻，共立出版）も参照されたい．

[3] 柴田　大・久徳浩太郎「重力波の源」（湯川ライブラリー，朝倉書店，2018）.

[4] 一般相対論の古典的ながら優れた教科書としては，ランダウ&リフシッツ，「場の古典論」（東京図書，1978）を挙げる．重力波に関する丁寧な記述がある教科書としては，佐々木　節「一般相対論」（産業図書，1996）を挙げる．

[5] 中性子星，ブラックホール，超新星などに関して基礎から勉強したい読者には，古典的な名著である S. L. Shapiro and S. A. Teukolsky, "*Black Holes, White Dwarfs, and Neutron Stars*" (Wiley, 1983) を薦める．また，中性子星やパルサーに関して初歩から知りたい読者には，高原文郎「新版 宇宙物理学」（朝倉書店，2015）を薦める．

[6] ルンゲ・クッタ法やその安定性について詳しく知りたい読者には，石岡圭一「スペクトル法による数値計算入門」（東京大学出版会，2004）を薦める．

[7] 流体方程式の数値計算法の基礎については，以下の教科書が詳しい：E. F. Toro, "*Riemann Solvers and Numerical Methods for Fluid Dynamics, 2nd Edition*" (Springer, 1999)．また日本語で書かれた教科書としては藤

井孝蔵「流体力学の数値計算法」（東京大学出版，1994）が有名である.

[8] 元素合成については，和南城伸也「宇宙と元素の歴史」（講談社，2019）
が詳しい.

# 索　引

# MEMO

# 著者紹介

柴田　大（しばた　まさる）

1994 年　京都大学大学院理学研究科　博士（理学）
2000 年　東京大学大学院総合文化研究科　助教授
2009 年－現在　京都大学基礎物理学研究所　教授
2018 年－現在　Max Planck Institute for Gravitational Physics (director)

専　　門　宇宙物理学

主　　著　"Numerical Relativity" (World Scientific, 2016)
　　　　　『一般相対論の世界を探る』（東京大学出版会，2007）
　　　　　『重力波の源』共著（朝倉書店，2018）

受 賞 歴　2003 年 西宮湯川記念賞受賞
　　　　　2008 年 日本物理学会論文賞受賞
　　　　　2010 年 日本学術振興会賞受賞
　　　　　2013 年 Fellow of International Society on General Relativity
　　　　　　　　　and Gravitation
　　　　　2018 年 林忠四郎賞受賞
　　　　　2018 年 仁科記念賞受賞

基本法則から読み解く 物理学最前線 25

数値相対論と中性子星の合体

*Numerical Relativity and
Neutron Star Merger*

2021 年 8 月 30 日　初版 1 刷発行

著　者　柴田　大　ⓒ 2021
監　修　須藤彰三
　　　　岡　真
発行者　南條光章
発行所　**共立出版株式会社**

東京都文京区小日向 4-6-19
電話　03-3947-2511（代表）
郵便番号　112-0006
振替口座　00110-2-57035
www.kyoritsu-pub.co.jp

印　刷　藤原印刷
製　本

検印廃止
NDC 421.2
ISBN 978-4-320-03545-4

一般社団法人
自然科学書協会
会員

Printed in Japan